张景中科普文集

ZHANG
JINGZHONG
KEPU WENJI

张景中◎著

计算机怎样解几何题

长江出版传媒
湖北科学技术出版社

图书在版编目(CIP)数据

计算机怎样解几何题 / 张景中著. —武汉: 湖北科学技术出版社，2017.6

ISBN 978-7-5352-9532-3

Ⅰ. ①数… Ⅱ. ①张… Ⅲ. ①自动推理—少年读物 Ⅳ. ①TP181-49

中国版本图书馆 CIP 数据核字（2017）第 172476 号

从书策划：何 龙 谢俊波

责任编辑：王小芳　　封面设计：喻 杨

出版发行：湖北科学技术出版社　　电话：027-87679451

地　　址：武汉市雄楚大街 268 号　　邮编：430070

（湖北出版文化城 B 座 13-14 层）

网　　址：http: //www.hbstp.com.cn

印　　刷：武汉市金港彩印有限公司　　邮编：430023

710×1010 1/16　　10.25 印张　　150 千字

2017 年 8 月第 1 版　　2017 年 8 月第 1 次印刷

定价：42.00 元

总序

ZONGXU

感谢湖北科学技术出版社督促我将这 30 多年里写的科普作品回顾整理一下。我想人的天性是懒的，就像物体有惰性。要是没什么鞭策，没什么督促，很多事情就做不成。我的第一本科普书《数学传奇》，就是在中国少年儿童出版社的文赞阳先生督促下写成的。那是 1979 年暑假，他到成都，到我家里找我。他说你还没有出过书，就写一本数学科普书吧。这么说了几次，盛情难却，我就试着写了，自己一读又不满意，就撕掉重新写。那时没有电脑或打字机，是老老实实用笔在稿纸上写的。几个月下来，最后写了 6 万字。他给我删掉了 3 万，书就出来了。为什么要删？文先生说，他看不懂的就删，连自己都看不懂，怎么忍心印出来给小朋友看呢？书出来之后，他高兴地告诉我，很受欢迎，并动员我再写一本。

后来，其他的书都是被逼出来的。湖南教育出版社出版的《数学与哲学》，是我大学里高等代数老师丁石孙先生主编的套书中的一本。开策划会时我没出席，他们就留了“数学与哲学”这个题目给我。我不懂哲学，只好找几本书老老实实地学了两个月，加上自己的看法，凑出来交卷。书中对一些古老的话题如“飞矢不动”“白马非马”“先有鸡还是先有蛋”“偶然与必然”，冒昧地提出自己的看法，引起了读者的兴趣。此书后来被 3 家出版社出版。又被选用改编为数学教育方向的《数学哲学》教材。其中许多材料还被收录于一些中学的校本教材之中。

《数学家的眼光》是被陈效师先生逼出来的。他说，您给文先生写了书，他退休了，我接替他的工作，您也得给我写。我经不住他一再劝说，就答应下来。

一答应，就像是欠下一笔债似的，只好想到什么就写点什么。5 年积累下来，写成了 6 万字的一本小册子。

这是外因，另外也有内因。自己小时候接触了科普书，感到帮助很大，印象很深。比如苏联伊林的《十万个为什么》《几点钟》《不夜天》《汽车怎样会跑路》；我国顾均正的《科学趣味》和他翻译的《乌拉·波拉故事集》，刘薰宇的《马先生谈算学》和《数学的园地》，王峻岑的《数学列车》。这些书不仅读起来有趣，读后还能够带来悠长的回味和反复的思索。还有法布尔的《蜘蛛的故事》和《化学奇谈》，很有思想，有启发，本来看上去很普通的事情，竟有那么多意想不到的奥妙在里面。看了这些书，就促使自己去学习更多的科学知识，也激发了创作的欲望。那时我就想，如果有人给我出版，我也要写这样好看的书。

法布尔写的书，以十大卷的《昆虫记》为代表，不但是科普书，也可以看成是科学专著。这样的书，小朋友看起来趣味盎然，专家看了也收获颇丰。他的科学研究和科普创作是融为一体的，令人佩服。

写数学科普，想学法布尔太难了。也许根本不可能做到像《昆虫记》那样将科研和科普融为一体。但在写的过程中，总还是禁不住想把自己想出来的东西放到书里，把科研和科普结合起来。

从一开始，写《数学传奇》时，我就努力尝试让读者分享自己体验过的思考的乐趣。书里提到的“五猴分桃”问题，在世界上流传已久。20 世纪 80 年代，诺贝尔奖获得者李政道访问中国科学技术大学，和少年班的学生们座谈时提到这个问题，少年大学生们一时都没有做出来。李政道介绍了著名数学家怀德海的一个巧妙解答，用到了高阶差分方程特解的概念。基于函数相似变换的思想，我设计了“先借后还”的情景，给出一个小学生能够懂的简单解法。这个小小的成功给了我很大的启发：写科普不仅仅是搬运和解读知识，也要深深地思考。

在《数学家的眼光》一书中，提到了祖冲之的密率 355/113 有什么好处的问题。数学大师华罗庚在《数论导引》一书中用丢番图理论证明了，所有分母不超过 366 的分数中，355/113 最接近圆周率 π。另一位数学家夏道行，在他的《e 和

π》一书中用连分数理论推出，分母不超过 8000 的分数中，355/113 最接近圆周率 π。在学习了这些方法的基础上我做了进一步探索，只用初中数学中的不等式知识，不多几行的推导就能证明，分母不超过 16586 的分数中，355/113 是最接近 π 的冠军。而 52163/16604 比 355/113 在小数后第七位上略精确一点，但分母却大了上百倍！

我的老师北京大学的程庆民教授在一篇书评中，特别称赞了五猴分桃的新解法。著名数学家王元院士，则在书评中对我在密率问题的处理表示欣赏。学术前辈的鼓励，是对自己的鞭策，也是自己能够长期坚持科普创作的动力之一。

在科普创作时做过的数学题中，我认为最有趣的是生锈圆规作图问题。这个问题是美国著名几何学家佩多教授在国外刊物上提出来的，我们给圆满地解决了。先在国内作为科普文章发表，后来写成英文刊登在国外的学术期刊《几何学报》上。这是数学科普与科研相融合的不多的例子之一。佩多教授就此事发表过一篇短文，盛赞中国几何学者的工作，说这是他最愉快的数学经验之一。

1974 年我在新疆当过中学数学教师。一些教学心得成为后来科普写作的素材。文集中多处涉及面积方法解题，如《从数学教育到教育数学》《新概念几何》《几何的新方法和新体系》等，源于教学经验的启发。面积方法古今中外早已有了。我所做的，主要是提出两个基本工具（共边定理和共角定理），并发现了面积方法是具有普遍意义的几何解题方法。1992 年应周咸青邀请访美合作时，从共边定理的一则应用中提炼出消点算法，发展出几何定理机器证明的新思路。接着和周咸青、高小山合作，系统地建立了几何定理可读证明自动生成的理论和算法。杨路进一步把这个方法推广到非欧几何，并发现了一批非欧几何新定理。国际著名计算机科学家保伊尔（Robert S. Boyer）将此誉为计算机处理几何问题发展道路上的里程碑。这一工作获 1995 年中国科学院自然科学一等奖和 1997 年国家自然科学二等奖。从教学到科普又到科学研究，20 年的发展变化实在出乎自己的意料！

在《数学家的眼光》中，用一个例子说明，用有误差的计算可能获得准确的结果。基于这一想法，最近几年开辟了“零误差计算”的新的研究方向，初步有了不错的结果。例如，用这个思想建立的因式分解新算法，对于两个变元的情形，比现有方法效率有上千倍的提高。这个方向的研究还在发展之中。

1979—1985 年，我在中国科学技术大学先后为少年班和数学系讲微积分。在教学中对极限概念和实数理论做了较深入的思考，提出了一种比较容易理解的极限定义方法——“非 ε 语言极限定义”，还发现了类似于数学归纳法的“连续归纳法”。这些想法，连同面积方法的部分例子，构成了 1989 年出版的《从数学教育到教育数学》的主要内容。这本书是在四川教育出版社余秉本女士督促下写出来的。书中第一次提出了“教育数学”的概念，认为教育数学的任务是“为了数学教育的需要，对数学的成果进行再创造。”这一理念渐渐被更多的学者和老师们认同，导致 2004 年教育数学学会（全名是“中国高等教育学会教育数学专业委员会”）的诞生。此后每年举行一次教育数学年会，交流为教育而改进数学的心得。这本书先后由三家出版社出版，从此面积方法在国内被编入多种奥数培训读物。师范院校的教材《初等几何研究》（左铨如、季素月编著，上海科技教育出版社 1991 年出版）中详细介绍了系统面积方法的基本原理。已故的著名数学家和数学教育家，西南师大陈重穆教授在主持编写的《高效初中数学实验教材》中，把面积方法的两个基本工具“共边定理”和“共角定理”作为重要定理，教学实验效果很好。1993 年，四川都江教育学院刘宗贵老师根据此书中的想法编写的教材《非 ε 语言一元微积分学》在贵州教育出版社出版。在教学实践中效果明显，后来还发表了论文。此后，重庆师范学院陈文立先生和广州师范学院萧治经先生所编写的微积分教材，也都采用了此书中提出的“非 ε 语言极限定义”。

10 多年之后，受林群先生研究工作的启发带动，我重启了关于微积分教学改革的思考。文集中有关不用极限的微积分的内容，是 2005 年以来的心得。这方面的见解，得到著名数学教育家张奠宙先生的首肯，使我坚定了投入教学实践的信心。我曾经在高中尝试过用 5 个课时讲不用极限的微积分初步。又在南方科技大学试讲，用 16 个课时不用极限讲一元微积分，严谨论证了所有的基本定理。初步实验的，效果尚可，系统的教学实践尚待开展。

也是在 2005 年后，自己对教育数学的具体努力方向有了新的认识。长期以来，几何教学是国际上数学教育关注的焦点之一，我也因此致力于研究更为简便有力的几何解题方法。后来看到大家都在删减传统的初等几何内容，促使我作战略调整的思考，把关注的重点从几何转向三角。2006 年发表了有关重建三角的两篇文章，得到张奠宙先生热情的鼓励支持。这方面的想法，就是《一线串通的初等数学》一书的主要内容。书里面提出，初中一年级就可以学习正弦，然后以三角带动几何，串联代数，用知识的纵横联系驱动学生的思考，促进其学习兴趣与数学素质的提高。初一学三角的方案可行吗？宁波教育学院崔雪芳教授先吃螃蟹，做了一节课的反复试验。她得出的结论是可行！但是，学习内容和国家教材不一致，统考能过关吗？做这样的教学实验有一定风险，需要极大的勇气，也要有行政方面的保护支持。2012 年，在广州市科协开展的“千师万苗工程”支持下，经广州海珠区教育局立项，海珠实验中学组织了两个班的初中全程的实验。两个实验班有 105 名学生，入学分班平均成绩为 62 分和 64 分，测试中有三分之二的学生不会作三角形的钝角边上的高，可见数学基础属于一般水平。实验班由一位青年教师张东方负责备课讲课。她把《一线串通的初等数学》的内容分成 5 章 92 课时，整合到人教版初中数学教材之中。整合的结果节省了 60 个课时，5 个学期内不仅讲完了按课程标准 6 个学期应学的内容，还用书中的新方法从一年级下学期讲正弦和正弦定理，以后陆续讲了正弦和角公式，余弦定理这些按常规属于高中课程的内容。教师教得顺利轻松，学生学得积极愉快。其间经历了区里的 3 次期末统考，张东方老师汇报的情况如下：

从成绩看效果

期间经过三次全区期末统考。实验班学生做题如果用了教材以外的知识，必须对所用的公式给出推导过程。在全区 80 个班级中，实验班的成绩突出，比区平均分高很多。满分为 150 分，实验一班有 4 位同学获满分，其中最差的个人成绩 120 多分。

	实验 1 班平均分	实验 2 班平均分	区平均分	全区所有班级排名
七年级下期末	140	138	91	第一名和第八名
八年级上期末	136	133	87.76	第一名和第五名
八年级下期末	145	141	96.83	第一名和第三名

这样的实验效果是出乎我意料的。目前，广州市教育研究院正在总结研究经验，并组织更多的学校准备进行更大规模的教学实验。

科普作品，以“普”为贵。科普作品中的内容若能进入基础教育阶段的教材，被社会认可为青少年普遍要学的知识，就普得不能再普了。当然，一旦成为教材，科普书也就失去了自己作为科普的意义，只是作为历史记录而存在。这是作者的希望，也是多年努力的目标。

文集编辑工作即将完成之际，湖北科学技术出版社刘虹老师建议我写个总序。我从记忆中检索出一些与文集中某些内容有关的往事杂感，勉强塞责。书中不当之处，欢迎读者指正。

湖北科学技术出版社何龙社长和谢俊波主任热心鼓励我出版文集；还有华中师范大学国家数字化学习工程中心彭翕成老师（《绕来绕去的向量法》作者之一，该书中绝大多数例题和题解由他提供）为文集的出版付出了辛勤劳动，在此谨表示衷心的感谢。

2017 年 4 月

目 录

MULU

一 青出于蓝——计算机是人的好学生

1.1 计算机解题基本功

计算机解题基本功包括输入输出、基本运算、条件选择和循环操作四种。调用这些功能要用程序语言，本书用的是人工智能语言 LISP，好处是易学、好用、编程快。

用计算机解题，无论是几何题还是别的问题，无非是调用和组织计算机的各种基本功来解决要回答的问题。

计算机可供解题使用的基本功大体上有四类：变量赋值、基本运算、条件选择、循环操作。

第一，要能记得住东西。如果记不住题目，记不住解题的有关知识和方法，还解什么题呢？光记住不够，还要能表达出来。解了题，闷在肚里表达不出来，不是白白辛苦一场吗？能记住我们要它记住的信息，又能表达出来，这种功能主要通过变量赋值来实现。变量赋值其实是给要输入的信息（值）起个名字（变量），这个名字代表了存放信息的地址。用这个名字就能使计算机输出或调用这条信息。

第二，要会做基本的运算。数学计算当然不在话下，要不怎么叫计算机呢？不过，只说数学计算，袖珍计算器也会。计算机还有基本的符号运算功能。例如，把几串字符连成一串，把一串字符分成几串，把一列符号按照某个标准排序，从一列符号里挑出或去掉某种符号。此外，基本运算还包括数字或符号的识别与比较，如比较大小。

第三，求解问题时，往往要根据不同的情形使用不同的公式和方法。简单到如计算一封信的邮费，还分平信、挂号、本地、外地以及是否超重呢。几何问题的条件更是千差万别。计算机可以根据条件安排，自动区别不同的情形，执行不同的运算，这叫做条件选择的功能。

第四，计算机的另一长处，是不怕枯燥麻烦。一个运算或一套操作，让它重复多少次它也不会罢工或埋怨。几何问题有时要多次检验，有时要反复探索，有时又要作大量的演算。只要你一声令下，它就老老实实地干起来，直到完成预定的次数或达到某个目标。这叫做循环操作功能。

那么，又如何调用计算机的这些基本功能来解题呢？

鸟有鸟言，兽有兽语。计算机也有它与人交流的语言，就是程序设计语言。程序设计语言种类很多，各有特色。常用的如广泛流行的 BASIC 语言，适于专业软件开发的 C++语言，利于网上交流的 JAVA 语言，长于人工智能程序的 LISP 语言，等等。语言千变万化，但万变不离其宗，核心的语句都是四类：赋值语句、基本运算语句、条件语句和循环语句，作用无非是用来指挥计算机执行四类基本功能。

计算机是人的学生。它的本领都是人教的。它是笨学生，不教不会。但它又是个好学生，会牢牢记住你教给它的方法，一丝不苟地按你规定的程序做。如果你循循善诱，它就能青出于蓝。

要当好计算机的老师，必须懂它的语言。

不管什么语言，你能熟练运用就好。如果你还不能熟练运用某一种语言，而且想花费最少的精力掌握一种强有力的语言，建议你学习本书所用的 LISP 语言。

LISP 是最流行的人工智能语言，它的优点是语法简单、易学易用、功能强大、编程迅速，适于非软件专业的人员在计算机上编写自己的解题程序。其缺点是运行速度（和 C 语言相比）还不够快。不过，一般用起来你不会觉得慢，把 23 精确自乘 1 万次也用不了 1 秒钟。

动手用计算机解题是非常有趣的。许多问题看来平凡，具体用计算机来做，却很要动一番脑筋。也有些做起来挺烦人的工作，计算机却干得干净利落。当你用自己亲手编出来的程序解题时，或看到别人用你的程序解题时，会有一种成功的快乐。

如果你爱动脑筋解决问题，花点时间学学 LISP 编程是值得的。

作为本节的余兴和下节的准备，不妨看看 LISP 基本的赋值语句和算术运算语句的用法。

1.1.1　LISP 赋值命令 SETQ

启动 LISP，主窗口会出现提示符>，表示请你键入命令。键入一对括弧，里面是 setq x 5（意思是把值 5 赋予变量 x）如下：

```
>(setq x 5)
```

回车（即按 Enter 键）后，LISP 的返回值（即输入语句的运算结果）是

```
5
```

再键入

```
>x
```

回车后得

```
5
```

这说明 LISP 已经记住了 $x=5$。LISP 的变量不区别大小写，如果 $x=5$，那么也有 $X=5$。

一个赋值语句可以给许多变量赋值。下面是给 x,y,z,a,b 五个变量赋值。返回的是最后一个变量 b 的值。要注意的是，最后把 x 的值也赋给了 b。

>(setq x −8 y 2/3 z 7 a 123456789123456789 b x)

−8

>a

123456789123456789

在 LISP 中,有些保留符号叫做常数,具有特定的意义,是不许赋值的。如表示真和假的 t 和 nil,表示圆周率的 pi 等。对它们赋值会出现错误。键入 pi 可得到圆周率的近似值:

>pi

3.14159265358979

在 LISP 中,变量的值是多种的。上面给变量赋的值都是数。其实它还可以是字符串、符号、表等多种类型。字符串是许多计算机语言中都有的数据类型,它是用一对双引号括起来的一串字符,区别大小写,可以有空格。下面的语句把一个字符串赋值于变量 x:

>(setq x "x is a string. x 是一个字符串。")

这等于说 x="x is a string. x 是一个字符串。"

再问 LISP 什么是 x:

>x

"x is a string. x 是一个字符串。"

它记得牢,没忘。

不包含空格的一串字符叫符号,赋值时或在程序语句中使用时前面加一个′号(叫做 quote),以提醒 LISP 这是符号而不是变量。符号中的字符不区别大小写。键入:

setq x ′x_is_a_symbolic. 即 x 是一个符号。

LISP 知道 x=x_is_a_symbolic. 即 x 是一个符号。

问它:

>x

x _is_a_symbolic. 即 x 是一个符号。

在 LISP 中最重要的数据类型是表：一对括弧中的若干项，相邻两项之间用空格分开。每项可以是任何类型，包括表。例如：

>(setq x′(x is a list(x 是一个表)有 8 个元素))

问它：

>x

(x is a list(x 是一个表)有 8 个元素)

1.1.2 LISP 算术运算

下面看算术运算。如果要把 5 个数相加，键入：

>(+ 5 −9 −8 3 8)

回车后 LISP 立刻回答：

−1

乘法用 * 号表示，除法用/号表示。因为刚才赋值 $x=-8, y=2/3, z=7$，所以：

>(* x y z)

−112/3

>(/y 8)

1/12

有些版本的 LISP 会进行大数字的准确计算：

>(* a a a)

1881676377434183981909562699940347954480361860897069

计算可以嵌套，顺序是由内到外，由左到右：

>(−(* 12 13)(* 11 14))

2

还有其他算术运算符号：

(sqrt X)——X 的平方根。

(expt X Y)——X 的 Y 次幂。

(mod M N)——M 除以 N 的余数。

(abs X)——X 的绝对值。

(max X1 X2…)——几个数 X1,X2,…中最大者。

(min X1 X2…)——几个数 X1,X2,…中最小者。

(gcd N1 N2…)——求几个数 N1,N2,…的最大公约数。

1.1.3 LISP 小结

(1)我们看到,LISP 是有求必应,有问必答的。键入一个语句再回车,它立即反应。这种语言叫交互式语言。

(2)一个 LISP 语句用圆括弧括在一起。括弧内可以有若干项,第一项是运算名,其余是参加运算的参数。这叫做运算的前缀表示法。参数可以是语句。这叫做可嵌套语言。

(3)基本赋值语句形式是

(setq X1 V1 X2 V2…Xk Vk)

这个语句给变量 X1,X2,…,Xk 分别赋值 V1,V2,…,Vk。

(4)算术运算符号是+ - * /,一个运算符号可以对一串数进行运算,这是前缀运算的简洁之处。

1.2 有了公式就好办

问题的答案可以用公式表示时,用计算机定义一个函数就解决了。在 LISP 中用 DEFUN 语句定义函数。用 LET 语句引进定义中所要用的局部变量。公式对不同情形的处理可用条件语句来实现。LISP 常用的条件语句有 IF 语句和 COND 语句。关于这些 LISP 命令的较详细的说明,可参看 1.2.1～1.2.7 小节。

最好做的一类题目是有公式可用的问题。把数据往公式里一代,让计算机算就是了。

最古老的一类几何问题是计算面积。要计算半径为 8 的圆的面积，只要代入圆面积公式：圆周率和半径的平方的乘积。在 LISP 中只要执行语句

```
>(* pi 8 8)
```

就得到答案：

```
201.061929829747
```

但是，如果公式比较复杂，每算一次就要列一次 LISP 表达式，是很麻烦的。例如，已知三角形三边为 5，6，7，用海伦公式求三角形的面积时，一次列出表达式不方便，可以先计算三角形的半周长。下面的语句先给三边 a,b,c 赋值，再把三边之和的一半赋值于 s：

```
>(setq a 5 b 6 c 7 s(/(+ a b c) 2))
9
```

然后把 s 与各边的差求出和 s 连乘再开平方即可。LISP 中 sqrt 表示开平方：

```
>(sqrt(* s(- s a)(- s b)(- s c)))
14.6969384566991
```

这样每计算一次就要再列一次算式。

如果能让计算机记住公式，计算时把数据一代即可，岂不是更方便了吗！

定义一个函数，就能让计算机记住公式。在 LISP 中用 DEFUN 语句可以完成这个任务。下面就定义了一个由半径求圆面积的函数，名叫 YMJ(圆面积)。这语句的第一项 DEFUN 表示要定义一个函数。接着的 YMJ 是你给函数起的名字。后面的括弧里是函数的变元即自变量 r。如果变元不止一个，就用空格分开。最后是这个函数所代表的运算：圆周率和半径的平方相乘。

```
>(defun ymj(r)(* pi r r))
YMJ
```

LISP 的返回是 YMJ，表示它已经遵命定义了你所要的函数 YMJ。用它计算圆面积时，只要把半径代入。代入的方法仍是用前缀式，一个括弧里先写函数名，空格

后写变元。下面调用函数 YMJ 计算半径为 8 和 5 的两个圆的面积：

```
>(ymj 8)
201.061929829747
>(ymj 5)
78.5398163397448
```

下面定义了已知三边求三角形面积的函数 SJX：

```
>(defun sjx (a b c)
  (let((s(/(+ a b c)2)))
    (sqrt( * s(- s a)(- s b)(- s c)))))
SJX
```

这个定义中用了一个新语句，即 LET 语句。它的用处是给局部使用的变量赋值。此处它给局部变量 s 赋值为 a,b,c 之和的一半。

现在要计算三边为 5,6,7 的三角形面积，简单地代入即可：

```
>(sjx 5 6 7)
14.6969384566991
```

提示

这个函数有美中不足之处。如果要它计算三边为 1,3,5 的三角形的面积，它不知道这数据是不对的(三角形的三边不可能是 1,3,5)。于是老老实实地计算，得出一个虚数：

```
>(sjx 1 3 5)
#C(0.0  3.43693177121688)
```

这里记号 #C(XY)表示复数 $x+yi$。

怎么让计算机知道你提供的数据不是三角形的三边长呢？

三角形中两边之和大于第三边。三条线段能构成三角形的充分必要条件也就是其中任何两条连起来总比第三条长。实际检验时，只要较短的两条连起来比第三条长就对了。如果一条恰好等于另两条的和，就得到一个退化的三角形：三顶点共线，面积为0。

这就有了让计算机检验所给的三个数是否是某个三角形的三边之长的方法了：

第一步，把三个数由小到大排列顺序。

第二步，前两个相加，减去第三个。

第三步，根据差为正、负或0，判断是三角形、非三角形或是退化的三角形。

先得看如何排序。

用LISP给几个数排序，可以用SORT语句。如：

```
>(sort(list 5 1 3)'<)
(1 3 5)
```

这里(list 5 1 3)表示把这三个数做成一个表。命令中的'<表示由小到大排序。

把三个数由小到大排成表，又如何让计算机从表中取出前两个相加再与第三个相减呢？

在LISP中，用命令CAR，CADR和CADDR可以分别提取表中的第一，第二，第三个元素。为了排序和从表里提取元素，我们来把函数SJX改写得更聪明点：

```
>(defun sjx1 (a b c)
    (let * ((w (sort (list a b c)'<))
        (f (+(car w)(cadr w)(-(caddr w)))))
    (if(> f 0)
        (sjx a b c)
        (progn(print"不是三角形!")nil))))
SJX1
```

整个函数的定义是由命令DEFUN、函数名SJX1、变元(a b c)和一个比较复杂的LET*语句构成。

在用LET*引进局部变量时，允许在后面的局部变量赋值时使用刚定义过的局部变量。我们用 LET* 引进了两个局部变量：一个是 w，值为将 a,b,c 由小到大排好了的表；另一个是 f，值为 w 中前两个的和与第三个的相反数的和。let* 语句的第三部分，即主体部分，是一个 if 语句，它是一种条件语句。

在我们这个函数 SJX1 的定义中，条件语句的条件是(>f 0)，意思是 f>0。如果它成立，说明提供的三个数确实是某个三角形的三边之长，计算机就执行(sjx a b c)计算三角形的面积。不然，就执行最后的 PROGN 语句。PROGN 语句的作用是把几个语句合成一个语句。我们这里只有两个语句：一个是 PRINT“不是三角形!”，即在屏幕上显示“不是三角形!”这句话；另一句是简单的 NIL，表示返回空值。

如果用语句 PRINT“不是三角形!”代替 PROGN 语句或去掉最后的 NIL，则(条件不成立时)计算机在屏幕上会两次显示“不是三角形!”。一次是执行 PRINT 语句，一次是显示返回值“不是三角形!”。如果简单地用“不是三角形!”代替 PROGN 作为 IF 语句的末项，计算机就只显示一次“不是三角形!”了。

让我们用一下新函数 sjx1：

```
>(sjx1 5 6 7)
14.6969384566991
>(sjx1 5 1 3)
"不是三角形!"
NIL
```

它比 sjx 要聪明一点。

如果再进一步，让计算机会认出退化的三角形，可以把它改写成下面的函数 SJX2：

```
>(defun sjx2(a b c)
    (let *((w (sort (list a b c) '<))
      (f(+ (car w)(cadr w)(-(caddr w)))))
    (cond
```

```
((>f 0)(sjx a b c))
((<f 0)(print"不是三角形！")nil)
((=f 0)(print"退化三角形！")0))))
SJX2
```

它和 SJX1 不同之处是用 COND 语句代替了 IF 语句。COND 语句里列出了三个条件：当(>f 0)满足时执行(sjx a b c)而求出三角形面积。当(< f 0)满足时显示"不是三角形！"并且返回 nil。最后，当(= f 0)满足时，即 f=0 时，显示"退化三角形！"并且返回三角形面积 0。

```
>(sjx2 3 1 5)
"不是三角形！"
NIL
>(sjx2 3 2 5)
"退化三角形！"
0
>(sjx2 6 7 5)
14.6969384566991
```

我们看到，用计算机直接代公式很简单。如果要计算机聪明一点，会分析条件，就要用到更多的计算机语言的知识。

要是多动动脑筋，多分析分析三角形面积公式，你会发现也可以不用排序、建表和提取表中元素等命令。为什么呢？在函数 SJX 中我们计算过乘积

(* s(- s a)(- s b)(- s c))

如果这乘积是正的，a，b，c 一定是某个三角形三边长；否则，就不是三角形或是退化三角形。因为三角形的最大边不会比半周长，而最大边等于半周时是退化三角形。这样，可以写出更简便的函数 SJX3：

```
(defun sjx3 (a b c)
  (let* ((s (/(+a b c) 2))
```

```
    (g(* s(- s a)(-s b)(-s c))))
   (cond
    ((> g 0)(sqrt g))
    ((< g 0)(print"不是三角形!")nil)
    ((= g 0)(print"退化三角形!")0))))
```

这个函数没调用 SJX,也没用排序、建表和提取表中元素,效果和 SJX2 是一样的。

作为练习,建议你写一个用公式法求二次方程实根的函数。下面是一种写法,供你参考。

```
(defun fc2(a b c)
   (let ((d (-(* b b)(* 4 a c))))
   (cond
    ((= a 0)(print"不是二次方程")nil)
    ((> d 0)(print"两不同实根")
    (list(/(+(- b)(sqrt d))(* 2 a))
      (/(-(- b)(sqrt d))(* 2 a))))
    ((= d 0)(print"重根")(/(- b)(* 2 a)))
    ((< d 0)(print"无实根")nil))))
```

这里只讲到了往公式里代数字。能不能教计算机往公式里代字母符号呢?当然可以。这还是 LISP 的特长呢!用 LISP 进行符号运算的方法,到后面逐步介绍。

1.2.1 用 DEFUN 定义函数

定义一个函数,就能让计算机记住公式。在 LISP 中用 DEFUN 语句可以完成这个任务。其格式为:

(defun 函数名(函数变元)(函数所表示的运算))

1.2.2 用 LET 和 LET* 引进局部变量

在函数运算中常常用一些临时的辅助变量，用过就不要了。这叫局部变量。在本节定义函数 SJX 时用了一个新语句，即 LET 语句。它的用处是给局部使用的变量赋值。let 语句的一般格式是：

(let(Z1 Z2…Zk)(要进行的运算))

这里语句的第 1 项 LET 表示将引进一些局部变量用于后面要进行的运算中。一旦运算结束，就过河拆桥，不要这些局部变量了。后面的括弧里 Z1，Z2，…，Zk 每项引进一个局部变量。其中记号 Zi 可以是简单地一个未加赋值的局部变量 Xi，也可以是一个括弧(Xi Vi)，表示对局部变量 Xi 赋值 Vi。在上面 sjx 的定义中，只引进了一个局部变量即三角形的半周 s。语句的第 3 部分是语句主体，即我们要进行的运算。语句 LET 的返回值是这第 3 部分的返回值。

本节用了命令 LET*，它和 LET 略有不同。在用 LET* 引进局部变量时，允许在后面的局部变量赋值时使用刚定义过的局部变量。而 LET 语句就不提供这个方便。

1.2.3 用 SORT 排序

本节定义的函数中还用到了排序。用 LISP 给几个东西排序，可以用 SORT 语句。如：

＞(sort(list 5 1 3)′＜)

(1 3 5)

语句的第一项 SORT 表示要对后面的表排序。第二项是由 3 个数组成的表，符号 LIST 的作用就是把后面的几个东西组成表。表是 LISP 中最重要的数据形式。第三项′＜表示由小到大排序。注意记号′是不可忽视的，它在＜前面，表示符号＜只代表自己，不被赋值。语句的返回是排了顺序的表。如果把语句最后的′＜

换成'>,得到的就是相反的顺序表。例如:

```
>(sort(list 7 3 - 1 8)'>)
(8 7 3 - 1)
```

1.2.4 用 CAR,CDR 和 NTH 提取表中元素

在 LISP 中,从表中取出它的元素(或叫项)是最常用的运算。有两种基本语句来完成这个任务。一个是 CAR,用来提取表中的第一个元素;另一个是 CDR,用来去掉表中的第一个元素。例如:

```
>(car (list 7 3 - 1 8))
7
>(cdr (list 7 3 - 1 8))
(3 - 1 8)
```

把 CAR 和 CDR 组合起来,就可以提取表中的任一个元素。要第二个元素时用:

```
>(car (cdr (list 7 3 - 1 8)))
3
```

为了简便,用 CADR 代替上述复合命令:

```
>(cadr (list 7 3 -1 8))
3
```

要提取第 3 个元素,可用

```
>(car (cdr (cdr (list 7 3 - 1 8))))
-1
```

或简单地用

```
>(caddr (list 7 3 - 1 8))
-1
```

从表中提取元素,也可以用 NTH 语句。(NTH 0 LIST)从表 LIST 中提取第

一个元素，(NTH 1 LIST)提取第二个元素，依次类推：

```
>(nth 0 (list 7 3 − 1 8))
7
>(nth 2 (list 7 3 − 1 8))
−1
```

这要好记得多。

1.2.5 条件语句：IF 和 COND

本节还用了 IF 语句，它是一种条件语句，格式为：

(if P F1 F2)

其中，开头的命令 IF 表示一个条件语句开始；第二项 P 是一个条件；当条件成立时，计算机执行语句 F1，否则执行 F2。如果语句只有三项，条件不成立时就不做事，如同没有这个 IF 语句。

COND 语句也是一种条件语句，它的格式是：

(cond (P1 F1) (P2 F2)…(Pk Fk))

其中 P1，P2，…，Pk 都是条件，F1，F2，…，F_k 等是对应于条件的一个或几个语句。计算机在执行这个条件语句时，先检验条件 P1。如满足就执行 F1，后面的就不管了。否则再检验条件 P2，满足时执行 F2 而不管后面的项，否则检验 P3，…，等等。如果所有条件都得不到满足，就返回 NIL。

1.2.6 用 PROGN 合并语句

本节还用了 PROGN 语句，其作用是把几个语句合成一个语句，格式为：

(progn G1 G2 … Gk)

其中 G1，G2，…，Gk 是要按次序执行的一列语句。

1.2.7 小结

如果问题的解答可以用公式表示，用计算机语言写个函数程序就万事大吉。

使用时，代公式即可。

有些公式在代入前要对数据作分析，不同情形不同对待。要计算机做情形的分析，就要用到更多的计算机语言知识。

本节介绍的 LISP 语言知识有：

(1)用 DEFUN 语句定义函数，格式为：

(defun 函数名 (变量名 1 变量名 2 …)(函数表示的运算))

调用函数时语句格式为(函数名 变量值 1 变量值 2 …)

(2)用 LET 或 LET* 语句引进局部变量，格式为：

(let (Z1 Z2 … Zk)(要进行的运算))

其中，记号 Zi 可以是一个未加赋值的局部变量 Xi，也可以是一个括弧(Xi Vi)，表示对局部变量 Xi 赋值 Vi。在用 LET* 引进局部变量时，允许在后面的局部变量赋值时使用刚定义过的局部变量。

(3)用 LIST 语句建表，格式为：

(list 元素 1 元素 2 …)

(4)用 CAR、CDR、NTH 等语句提取表中元素，格式为：

(car 表)或(nth 0 表)，提取表中首元素；

(cadr 表)或(nth 1 表)，提取表中第二元素；

(caddr 表)或(nth 2 表)，提取表中第三元素；

(cdr 表)，去掉表的首元素。

(5)用 SORT 语句对表中元素排序，格式为：

(sort 表 排序标准)

如(sort(list 3 － 15) ′＜)＝＞(－1 3 5)

(6)用 PROGN 语句把几个语句联合为一个，格式为：

(progn 语句 1 语句 2 …)

(7)用 IF 写条件语句，格式为：

(if 条件 条件满足时执行语句 条件不满足时执行语句)

(8)用 COND 写条件语句,格式为:

(cond (P1 F1) (P2 F2) … (Pk Fk))

其中 P1,…,Pk 都是条件;F1,F2,…等是对应于条件的一个或几个语句。计算机先检验条件 P1,如满足就执行 F1,后面的就不管了。否则再检验条件 P2,满足时执行 F2 而不管后面的项,等等。

(9)算术运算开平方(sqrt x),返回 x 的平方根。

(10)判断大小的语句(< a b)、(> a b)、(= a b)。

当 a<b(a>b 或 a=b)成立时(< a b)((> a b)或(= a b))返回逻辑值 T(表示成立),否则返回逻辑值 NIL(表示空或不成立)。

1.3 没有公式找算法

简单的题目也未必能用公式回答,如阶乘的计算。对于要通过多次重复一种运算的问题,LISP 提供了递归语句和循环语句。至于如何合理地使用计算机更快地解决问题,则要人动脑筋寻找好的算法。例如,求最大公约数的欧几里得算法。

并不是什么题目的解答都能用公式表示。甚至有些很简单的题也不能代入公式求解。

大概最容易想到的例子是求一个非负整数 N 的阶乘,即 $N!$。这个 $N!$ 的定义是:当 $N=0$ 时 $N!=1$;$N>0$ 时 $N!$ 是从 1 到 N 这 N 个自然数的乘积。定义简单明白,但没有公式来计算它。

没有公式不等于没法算。按定义算好了。定义就提供了算法:从 1 开始乘到 N 就是了。

还可以讲得更严谨一些,用归纳的办法来定义和计算 $N!$。当 $N=0$,有 $N!=1$。若已经算出了 $(N-1)!$,则 $N!=N^*(N-1)!$。

计算机很容易实现这个算法。下面定义一个计算 $N!$ 的函数 JC:

```
(defun jc (n)(if (= n 0) 1 (* n (jc (- n 1)))))
```

这个定义是明白的，但特殊之处是在 JC 的定义中调用了 JC 自身，这叫递归定义方法。LISP 允许递归，给我们很大方便。

用它计算阶乘很方便，体现了计算机的威力：

```
>(jc 6)
720
>(jc 15)
1307674368000
>(jc 100)
9332621544394415268169923885626670049071596826438162146859296389521759999322991560894146397615651828625369792082722375825118521091686400000000000000000000000000
```

提示

如果想让计算机知道阶乘只对非负整数才有意义，这函数还得添上几行，先让计算机检验一下你给它的数。新的函数 JC1 如下：

```
(defun jc1 (n)
    (if (and (integerp n)(>= n 0))
      (jc n)
      (progn (print"变量应是非负整数")nil)))
```

它的第二行用一个 AND 语句对变量 n 进行检验。AND 语句格式为：

(and J1 J2 … Jk)

其中 J1，J2 …等都是条件，当这些条件都满足时，整个 AND 语句返回值为 T，否则为 NIL。在上述定义中的 AND 语句里只有两个条件，即(integerp n)和(>= n 0)，分别检验 n 是否是整数和是否大于或等于 0。检验通过了，就调用函数 JC 计算 $n!$，否则屏幕显示“变量应是非负整数”并返回 NIL，如下面所示：

```
>(jc1 -3)
```

```
"变量应是非负整数"
NIL
>(jc1 9)
362880
```

用递归的方法计算阶乘，也许你觉得不习惯。下面用循环语句来写的 JC2 可能更自然一点。这里省略了对变量的检验，你可以参照 JC1 添上这个功能。

```
(defun jc2 (n)
  (let ((k 0)(x 1))
  (loop
    (if (= k n)(return x))
    (setq k (+ 1 k) x (* x k)))))
```

在上述函数的定义中，设置局部变量初值 $k=0$ 和 $x=1$ 后，用了 LOOP 命令执行循环，周而复始地做两件事：

(1)若 $k=n$，就把 x 作为计算结果。

(2)把变量 k 加 1 得到 k 的新值，再用新 k 乘 x 得新的 x。

你不妨用笔和纸这样循环计算，看最后是不是得到 $n!$ 的值。求阶乘这问题的算法未免太简单，不过是按定义做。先讲这个简单的问题是为了介绍 LISP 中的递归语句和循环语句。这两种语句在计算机解题中用处很大。你如果要真用计算机解题而不是纸上谈兵，一定要熟悉递归和循环。在 LISP 中还有其他形式的循环语句，但 LOOP 语句的语法最简单：周而复始地执行一列语句直到遇见 RETURN 为止。

注释

简单地改变一下上述求阶乘的函数，就可以写成求一列有规律的数字的和或积的函数。例如，计算百以内的奇数的平方和，计算 10 到 50 这 41 个数的倒数之和，等等。下面的函数 QP(棋盘)只对 JC 略加改变，就可以求著名的棋盘上的麦粒数目：在国际象棋盘上放麦粒，第一格 1 粒，第二格两粒，第三格 4 粒，以后每格都加倍。棋盘共 64 格，共多少麦粒？

```
(defun QP (n) (if (= n 1) 1
    (+ (expt 2 (- n 1))(QP (- n 1)))))
```

当只有 4 格时才 15 粒麦子：

```
>(qp 4)
15
```

到了 64 格就多得惊人了：

```
>(qp 64)
18446744073709551615
```

这个问题其实有公式解。这是一个等比数列求和问题。设数列首项为 a，每个后项跟前项的比是 q。则当 q 不等于 1 时数列的前 n 项和的公式为：

$$a+aq+aq^2+\cdots+aq^{(n-1)}=\frac{a(1-q^n)}{(1-q)}$$

写成 LISP 函数(不用递归也不用循环)格式为：

```
(defun QP1 (a q n)(/ ( * a(- 1 (expt q n)))(- 1 q)))
```

对于棋盘麦粒问题用 $a=1$、$q=2$ 和 $n=64$ 代入：

```
>(QP1 1 2 64)
18446744073709551615
```

结果跟刚才一样。

在算术中有一个古老的问题，就是求两个正整数的最大公约数。在 LISP 中提供了求几个数的最大公约数的函数 GCD。这里我们讨论自己如何编写解决此问题的程序。用计算机解这种问题，当然也可以按定义做：由大到小用试除法找两个数的公约数，首先找到的就是最大公约数。这个程序很好写：

```
(defun zdgy (m n)
  (let ((d (min m n)))
    (loop
    (if (and (= (mod m d) 0)(= (mod n d)0))
      (return d))
    (setq d(- d 1))))))
```

上述函数中先引进局部变量 d,初值取 m,n 中较小者,即(min m n)。然后进入循环:用 d 除 m 和 n 求余数,这是用 mod 语句来实现的。(mod m d)的返回值就是 m 除以 d 的余数。如果两个余数都是 0,则 d 就是最大公约数。否则将 d 减去 1 作为 d 的新值,重复进行。

你一定会想到,这是一个很笨的算法。当数目不大时,它还能马上回答:

```
>(zdgy 48 72)
24
>(zdgy 64 729)
1
```

但数目一大,就很吃力了。用 TIME 语句测一下时间:

```
>(time (zdgy 3333333 7777777))
Execution time:10.40 seconds
  plus 8.22 seconds garbage collecting
1111111
```

上述数据表明,用我们的 ZGDY 求两个 7 位数的最大公约数,用了 18 秒多。这实在太慢了。

2000 多年前,几何大师欧几里得在他的传世名著《原本》(中译本名《几何原本》)中,已经提出了一个巧妙的求最大公约数的方法。这就是直到现在计算机中还在使用的欧几里得算法,即辗转相除法,这是最古老的算法。我们现在广泛使用的"算法"这个词,源出于此。

欧几里得算法的道理来自简单的除法算式。给了两个正整数 M 和 N，不妨设 N 不比 M 小。用 M 来除 N，除尽了，则 N 就是两者的最大公约数。若除不尽，设商为 Q 而余数为 R，就有一个等式，叫做除法算式：

$$N=Q\times M+R$$

或者写成

$$R=N-Q\times M$$

从这两个等式看出来，M 和 N 的公约数一定是 R 的约数，R 和 M 的公约数也一定是 N 的约数，所以 M，N 的公约数和 M，R 的公约数是一样的。当然最大公约数也是一样的。所以问题可以化为求 R，M 的最大公约数。重复上述过程，再用 R 除 M（注意余数 R 比 M 小）得

$$M=Q1\times R+R1$$

若 $R1=0$，除尽了，则 R 就是 M，R 的最大公约数，即 M，N 的最大公约数。问题解决。否则又用 $R1$，R 代替 M，R。如此辗转相除，数越来越小，终究会有除尽的情形，就得到了解答。

下面的函数 ZDGY1 用递归的方法实现了辗转相除法：

```
(defun zdgy1 (m n)
(if (= 0 (mod m n))
    n
    (zdgy 1 n (mod m n))))
```

试用一下看看效果如何：

```
>(zdgy1 51 85)
17
>(time (zdgy1 3333333 7777777))
Execution time:0. 00 seconds
1111111
>(time (zdgy1 3333333333333333331
```

77777777777777777777))

Execution time:0.00 seconds(0 clock ticks)

1

计算两个20位数的最大公约数还用不了百分之一秒,这效率与刚才的ZDGY相比真不是一个档次啊!

1.3.1 LISP中函数的递归定义

在LISP语言中定义函数时允许调用被定义的函数,这叫递归定义。用递归定义函数时,要对变元的某些值(叫做递归出口值)指定计算函数值(不调用本函数)的方法。对其他变量值,在定义中要指出转换的方法,保证它经过有限次转换到出口值。

1.3.2 循环语句LOOP

LOOP语句的格式为:

(loop F1 F2 … Fk)

它的作用就是周而复始地反复执行语句F1,F2,…,Fk直到执行到某个形为(return G)的语句为止,而语句G的返回值就是整个循环语句的返回值。

循环语句中的变量的初值要在LOOP语句之前设定。通常这些变量是局部的,用LET或LET*语句来引进。而LOOP语句作为LET(LET*)语句主体或它的一部分。

1.3.3 逻辑运算AND和OR

AND语句格式为:

(and J1 J2 … Jk)

其中J1,J2,…等都是条件,当这些条件都满足时,整个AND语句返回值为Jk的值,否则为NIL。要说明的是:LISP中的任何对象的返回值,只要不是NIL,其逻辑值都算是 T。例如：

>(if 5 8 7)

8

为什么上面的 IF 语句返回 8？因为 5 的逻辑值是 T。

和 AND 对应的是 OR，OR 语句的格式为

(or J1 J2 … Jk)

LISP 顺序检查 J1，J2，…等条件，当条件 Ji 第一个满足时，整个语句返回值为 Ji 的值，否则为 NIL。

1.3.4 小结

许多问题的解答没有办法用公式表示，或许有公式但我们还没有找到。对待这些问题，可以设计一套寻求解答的有章可循的方法，即机械的方法。有了机械的方法，就能编写出程序让计算机来做。这种针对一类问题的有章可循的求解方法，通常叫做算法。

不同类的问题自然用不同的算法。同一类问题也常常有不同的算法。有的算法很笨，有的算法比较高明。

本节举了计算阶乘和求最大公约数两个例子。在写 LISP 程序时要用到递归或循环。在解决求最大公约数问题时我们看到，老老实实按定义编写的程序数目大了算得很慢，而用巧妙的欧几里得算法快得多。

本节介绍的 LISP 语言知识有：

(1)递归，即在函数定义中调用本函数。递归要有出口，并且变量要能够一步一步地转换到出口。

(2)用 LOOP 命令编写循环语句，格式为：

(loop F1 F2 … Fk)

它的作用就是周而复始地反复执行语句 F1，F2，…，Fk 直到执行到某个形为(return G)的语句为止。

(3)逻辑运算 AND 和 OR,格式为:

(and J1 J2 … Jk)

和

(or J1 J2 … Jk)

前者,当有 Ji 假时为 nil;后者,仅当诸 Ji 都假时为 nil。

1.4 几何解题花样多

几何题有计算题、证明题,还有作图题。它们各有特点,又是相通的。2000 年来,人们积累了丰富多彩的几何解题的经验、技巧和方法。这些有待教给计算机的解题本领,大体上有四类:检验、搜索、约化和转换。

最古老的几何问题,也是最有实用价值的几何问题,是计算题。几何学出现于农业社会,源于土地的测量和面积计算。

民以食为天,吃饱肚子是第一需求。第一需求初步满足了,就想盖好的房屋,穿像样的衣服,为此制造更好用的工具。这就要画各种更精确的图样。几何作图问题自然提了出来。

计算和作图都要有个道理。讲清楚道理就是证明。古希腊人研究几何最讲究证明。中国古代的几何学则讲究计算,把画图和推理都归结为计算,叫做寓理于算。

计算、作图和证明,问题的形式不同,却也有相通之处。三类问题的前提,都可以用几何图形来表示。证明题可以转化为计算。要证明两条线段相等,只要算出两者的比为 1 或差为 0 就行了。要说明计算是准确的,作图过程是合理的,归根结底要证明。三类问题在解决过程中都要推演论证,推演论证所用的规则又是一致的。这些都是三者相通之处。

计算机解题靠人教。人会解一道题,把方法教给计算机,计算机就会解这一道题。把这一道题中的数字换成字母,成了更一般化的一个题型,把处理这个题型的窍门教给计算机，计算机就会解这个题型的题。人掌握了解决一类题目的规律，把这规律总结提炼变成有章可循的算法，实现为程序，计算机本领就更大，会解这一类题了。人掌握了方法，推演计算论证过程繁了或累了，会走神出错。计算机一旦学会一套方法，就难得出错，做得飞快。学生要超过老师，学生总要超过老师吗！

所以，要问计算机如何解几何题，就得先看人如何解几何题。当然，人和人不同，应该说要看几何学家如何解几何题。

几何学家拿到一个几何题，有哪些高招呢？

第一，要画画看看，量量算算，看题目出得对不对，合理不合理。不合理就不做下去了。这叫检验。

第二，根据条件，参照问题，试着东推推，西试试，推出来的东西有用没用先记下来。这样也许就解决了问题。解决不了，再想别的出路。说不定记下来的材料还有用。这叫搜索。

第三，搜索不出来，还可以抓住问题的目标（待证的结论、待求的几何量，或待作的点与线），分析计算，化简条件，消去中间的参数或几何元素，力求水落石出。这叫归约。

第四，当上述常规的方法不能奏效时，人的智慧和灵感就成为取胜的源泉了。或用反证法、同一法，或加辅助线，或对部分图形作平移旋转，总之是改变问题的形式，以求化繁为简。这叫转换。

几千年来，人们解几何问题的招数，层出不穷，争奇斗艳。概括起来，不外这四类：检验、搜索、归约、转换。50年来，数学家和计算机科学家费尽心机，循循善诱，把个中奥秘向计算机传授。使得计算机解几何题的能力日新月异，大放光彩。用机器帮助，以至在某种程度上代替学者研究几何，帮助以至代替老师指导学生学习几何，已经从古老的梦想变为现实。

除了灵机一动加辅助线，或千变万化的问题转换之外，前三种办法计算机都学得十分出色了。

二

举一反三——举例验证几何命题

拿到一个几何问题，常要画个图检验一下。那么，验证了几个三角形的内角之和为 180°，就断言所有三角形的内角之和都为 180°，这算是数学的推理吗？数学老师常常告诫初学几何的学生说不行。但用数学方法可以严格地证明，这是完全可以的。从有穷推断无穷，正是数学的力量。而例证法的出现，使演绎和归纳这两种逻辑方法，在一定条件下达到了辩证的统一。

2.1　归纳和演绎的对立

为了得到科学的真理，应当用什么方法呢？是归纳，还是演绎？这是哲学家们长期争论的一个问题。

古希腊的哲学家，多推崇演绎推理。这大概是因为当时最发达最有系统性的科学只有几何学。当时的权威学者亚里士多德对形式逻辑的推理方法进行了系统的研究，写出了关于三段论推理方法的名著《工具论》，影响欧洲的哲学界和科学界近 2000 年之久。

随着科学的发展，人们认识到了演绎推理的局限。科学需要从大量的事实出发总结出规律，又要由事实的检验来修正已有的结论。看到鸡生蛋、鸭生蛋、麻雀生蛋、燕子也生蛋，便总结出一个规律：鸟都要生蛋。这就是归纳推理的方法。17世纪的哲学家培根说亚里士多德的《工具论》是“疯狂手册”，既不可靠又无用处。他写了一本名为《新工具》的书，系统说明归纳推理的方法。认为归纳法以科学实验和经验事实为基础，是切实可靠的认识科学真理的方法。

在生物、化学、物理等许多的科学分支中，归纳推理成为重要的获取真理的方法。但这对数学王国的影响不大。2000多年来，已形成了牢固的看法：要肯定一个数学命题成立，只有给出演绎的证明，举多少例子也是不够的。

在初中数学课上，老师让学生们用量角器测量三角形的三个角，再把三个角的度数加起来。测量了几个不同的三角形之后，大家发现三角形的内角和总是180°。这正是归纳推理的方法，从大量事例中寻找一般规律。

但是，老师反过来又提出了这样的问题：三角形有无穷多种不同的样子，你们才测量了几个、几十个，怎么就知道所有的三角形内角和都是180°呢？就是测量10万个，也不能断定所有的三角形都有同样的内角和呀！再说，测量总是有误差的，你怎么知道三个角的度数之和不是179.999°，也不是180.001°，而是不多不少180°呢？

怎么办呢？老师向大家说明，可以用演绎推理的方法证明三角形内角和等于180°的定理。同学们开始认识到演绎推理的重要性，知道了要肯定一条几何命题是定理，必须给出证明，而举几个例子，是算不得证明的。

但是，机器证明的研究，提出了与这种传统看法大相径庭的见解。研究结果表明：要肯定或否定一条初等几何命题(包括欧氏几何以及各种非欧几何的命题)，只要检验若干个数值实例就可以了。至于检验多少个例子才够，则可以根据命题的“复杂”程度具体估算出来。检验时要计算，计算有误差又怎么办呢？研究表明，只要误差不超过某个界限就行。这个界限，也可以根据命题的“复杂”程度来确定。

用举例的方法证明定理，叫**例证法**。例证法不仅是理论上的探讨，而且确定能用来在计算机上或通过手算证明相当难的几何定理，人们还用它发现了有趣的新定理。

2.2 用例子证明代数恒等式

要说明举例能证明几何定理的道理，最好先从代数恒等式的例证法谈起。

中学里学了什么叫恒等式。下面的等式

$$(x+1)(x-1)=x^2-1 \tag{2-1}$$

就是一个恒等式。要证明这个恒等式不难：通常是把左端展开，合并同类项，比较两端同类项系数，便知分晓。

也可以用数值检验，取 $x=0$，两端都是 -1；取 $x=1$，两端都是 0；取 $x=2$，两端都是 3。这算不算证明了式(2-1)是恒等式呢？

恒等式，恒等式，要求恒等。要求无论 x 取什么值时两边都相等。才验证了三个值，怎么就断定它一定恒等呢？

其实，这三个实例已经证明了它是恒等式。可用反证法证明我们的判断。若它不是恒等式，便是不高于二次的一元代数方程，这种方程至多有两个根。现在已有 $x=0,1,2$ 三个根了，就表明它不是一次或二次方程，这个矛盾证明了它是恒等式。

一般说，n 次代数方程不可能有 $n+1$ 个根。如果 $f(x)$ 和 $g(x)$ 都是不超过 n 次的多项式，而且有 x 的 $n+1$ 个不同的值 $a_0, a_1, \cdots, a_n$，使

$$f(a_k)=g(a_k)(k=0,1,\cdots,n)$$

则等式

$$f(x)=g(x)$$

是恒等式。

这就是说，要问一个单变元的代数等式是不是恒等式，只要用有限个变元的值代入检验，也就是举有限个例子，即可作出判断。例子要多少呢？这要看代数式的

次数，如果次数不超过 n，则 $n+1$ 个例子便够了。

用一组例子来解决某些数学问题的方法，叫**数值并行法**。数值，因为是用数值计算。并行，是因为这些例子的计算可以各算各的，互不依赖，分别同时或先后进行。

更为有趣的是：不必举很多例子，一个已够了。还是以式(2-1)为例，只要用 $x=10$ 代入检验就足以肯定它是恒等式！

这又是为什么呢？

还是用反证法。在式(2-1)中，左端展开最多有 4 项，每项系数绝对值均不大于 1，整理并项之后，系数为绝对值不大于 5 的整数，若式(2-1)不是恒等式，整理后得方程

$$ax^2+bx+c=0$$

这里 a,b,c 不全为零，均是整数且绝对值不大于 5。若 $x=10$ 时左端为零，则 $100a+10b+c=0$。分两种情形：若 $a=0$，上式就成为 $10b+c=0$，当 $b=0$ 时有 $c=0$，当 $b\neq0$ 时得 $|10b|=|c|$，于是 $10\leqslant5$，矛盾；若 $a\neq0$，则有 $|100a|=|10b+c|\leqslant55$，即 $100\leqslant55$，也矛盾。故

$$a=b=c=0。$$

这样，用一个例子也可以检验式(2-1)是不是恒等式了。

二次的代数恒等式可以用一个例子来验证，高次的行不行呢？这个办法确实可以推广到高次代数恒等式的检验，其基本思想出发点是，多项式的次数和系统数的大小受到一定限制时，它的根的绝对值不可能太大，也就是

[引理 1] 设 $f(x)$ 是不超过 n 次的多项式，它的非零系数的绝对值不大于 L，不小于 $s>0$。若取 a 使

$$|a|=p\geqslant L/s+1$$

则

$$s\leqslant|f(a)|\leqslant sp^n+1$$

这就是说，如果 $f(x)$ 不恒等于 0，用一个足够大的 x 代进去，得到的数的绝对

值不会比 $f(x)$的非 0 系数的绝对值更小。

例如，要问等式

$$(x+1)(x-2)(x+3)=x^3+(x+1)(x-6)+x^2 \tag{2-2}$$

是不是恒等式，不但可以令 x 取任意四个不同的值来检验，也可以让 x 取一个足够大的值代入检验。如果把上面的等式移项整理得到一个不超过三次的多项式(注意如果两字！你别真的整理，真的整理好了马上就看出是不是恒等式了，还用例子检验什么?)并估计系数，可以断定非 0 系数的绝对值最大不超过 19，最小不小于 1，取 $x=20$ 代入检验就可以了。

用一个例子解决某些数学问题的方法，叫**单点例证法**。

几何题有证明，有计算。检验代数恒等式是证明，展开代数式则是计算。用例子能证明代数恒等式，能不能计算呢?

也可以，这并不新鲜。这时，数值并行法就成了不少中学生都知道的待定系数法。

如式(2-2)，两端都告诉你了，是要求证明，如果只给你左端问右端，就成了计算题：

$$(x+1)(x-2)(x+3)=?$$

左端的答案应当是不超过三次的多项式，所以就设

$$(x+1)(x-2)(x+3)=ax^3+bx^2+cx+d$$

举四个例子：分别用 $x=-1,0,1,2$ 代入得到：

$$0=-a+b-c+d$$

$$-6=d$$

$$-8=a+b+c+d$$

$$0=8a+4b+2c+d$$

把这几个方程联立解出 $a=1,b=2,c=-5,d=-6$。

用单点例证法能不能完成上述计算任务呢？我们来试试。取 $x=20$ 代入得到

$$8\,694=8\,000a+400b+20c+d$$

设 a,b,c,d 都是绝对值小于 10 的整数，两端除以 8 000，四舍五入，可估计得到 $a=1$，于是得

$$694=400b+20c+d$$

两端除以 400 再四舍五入得 $b=2$，于是得

$$-106=20c+d$$

即 $$106=20(-c)+(-d)$$

两端除以 20 得 $-c=5$，即 $c=-5$。最后得 $d=-6$。

我们看到，用举例子的方法解某些数学问题，既能证明，也能计算。

多变元的代数恒等式能不能用举例的方法来检验呢？回答是肯定的，只是用数值并行法时举的例子要多得多，用单点例证法时举的例子中的数要大得多。

注释

那么，用数值并行法时例子多到什么程度呢？

我们有下面的

[定理 A] 设 $f(x_1,x_2,\cdots,x_m)$ 是 $x_1,x_2,\cdots,x_m$ 的多项式，它关于 x_k 的次数不大于 n_k。对 $k=1,2,\cdots,m$，取数组 $a(k,j)(j=0,1,2,\cdots,n_k)$，使得 $j\neq j'$ 时，$a(k,j)\neq a(k,j')$。如果对任一组 $\{j_1,j_2,\cdots j_m\}$，都有 $f(a(1,j_1),a(2,j_2),\cdots,a(m,j_m))=0$ 则 $f(x_1,x_2,\cdots,x_m)$ 是恒为零的多项式。

对变元的个数 m 用数学归纳法，很容易证明定理 A。这里对定理 A 所提供的检验方法再略加解释。

首先要估计 $f(x_1,x_2,\cdots,x_m)$ 关于各个变元 $x_1,x_2,\cdots,x_m$ 的次数的界。我们遇到的多项式 $f(x_1,x_2,\cdots,x_m)$ 通常是没经过整理的。如果整理好了，一眼便看得出是不是恒等于零，还要检验什么？既然没整理好，它关于各个变元是多少次也不是一望而知的，所以要估计。

第二步是确定用哪些数值代入检验。这时，已估计好了 x_k 的次数不超过 n_k，那就让 x_k 这个变元取 n_k+1 个不同值，这 n_k+1 个不同的值 $a(k,0)$，$a(k,1)$，$a(k,$

2)，…，$a(k,n_k)$组成有限集 A_k，$k=1,2,\cdots,m$。从 $A_1,A_2,\cdots,A_m$ 中各取一个：从 A_1 中取 x_1 的一个值，从 A_2 中取 x_2 的一个值，…，从 A_m 中取 x_m 的一个值，这样便凑出一组$(x_1,x_2,\cdots,x_m)$的值。因 A_k 中有 n_k+1 个数，所以一共可凑出$(n_1+1)\times(n_2+1)\times\cdots\times(n_k+1)$个数组来，这些数组构成的集合，叫做规模为$(n_1+1)\times(n_2+1)\times\cdots\times(n_k+1)$的一个"格阵"。

最后，将格阵中的每组值都代入 $f(x_1,x_2,\cdots,x_m)$加以检验，若有一组代进去使 $f\neq0$，那就找到了一个反例说明不会有 f 恒为零，不用再检验下去了。若每一组值都使 $f=0$，便证明了 f 恒等于零。比如，要检验等式

$$(x+y)(x-y)-x^2-y^2=0$$

是不是恒等式，首先看出它关于变元 x、y 的次数都不超过 2，故要在$(2+1)\times(2+1)=3\times3$ 的格阵上检验。让 x 在$\{0,1,2\}$中取值，y 也在$\{0,1,2\}$中取值，得到格阵中的 9 组值：(0,0)，(0,1)，(0,2)，(1,0)，(1,1)，(1,2)，(2,0)，(2,1)，(2,2)。分别代入检验即可。

这表明，用数值并行法可以检验多元高次代数恒等式。类似于前面用待定系数法计算一个变元的代数式，用数值并行法也可以计算多个变元的代数式。

单点例证法能否对付多元高次代数式的证明和计算呢？也可以，但说起来要复杂得多。

首先要打好理论基础。从这引理 1 出发，对变元的个数用数学归纳法，可得关于多元多项式定理 B。

[定理 B] 设 $f(x_1,x_2\cdots,x_m)$是 $x_1,x_2,\cdots,x_m$ 的多项式，它关于 x_k 的次数不大于 n_k，$1\leqslant k\leqslant m$。又设它的标准展式中，非零系数的绝对值不大于 L，不小于 $s>0$。如果变元的一组值 $a_1,a_2,\cdots,a_m$ 满足

$$|a_1|=p_1\geqslant L/s+1$$

$$|a_k+1|=p_k+1\geqslant p_k^{(n_k+1)}+1$$

则有

$$|f(a_1,a_2,\cdots,a_m)|\geqslant s>0$$

用一个例子检验,说起来确实干脆利落,做起来却不那么容易。因为这个例子不是信手拈来的几个数,而要满足上述定理的条件。变元数稍多时,将涉及很大的数值的计算。正因为如此,基于定理 B 的单点例证法难以在计算机上实现,而基于定理 A 的方法,即所谓数值并行法,却能够在内存很小的袖珍计算机上成功地解决有相当难度的问题。

用一个例子解决某些数学问题,还可以从下列的定理出发。

[定理 C] 设 $f(x_1,x_2,\cdots,x_m)$ 是 $x_1,x_2\cdots,x_m$ 的整系数多项式,它关于 x_k 的次数不超过 n_k。又设 $p_1,p_2,\cdots,p_m$ 是 m 个互不相同的素数,则当取

$$x_k=p_k^{\frac{1}{n_k+1}}$$

时,只要 f 不恒为零,总有

$$f(x_1,x_2,\cdots,x_m)\neq 0$$

按照定理 C 的条件来取变元的值,比按照定理 B 的条件来取计算量小得多。因而定理 C 提供了可以实现的单点例证法。但最实用的,还是数值并行方法。

这里还有一个不可忽略的问题。要检验例子,就要在计算机上作数值运算。通常计算机总是有误差的。本来要证明一个式子恒等于 0,而计算机却只能告诉我们结果是 0.000 000 000 000 1 或更小的数。它是不是真的 0 呢?这就是老师提醒学生 179.999 不等于 180 的问题。

本来,在现实生活中,很小很小的数是可以当成 0 的。到商店买东西,少找一分钱谁还在乎呢。但在证明数学定理时就不同了,等于 0.000 000 000 01 就是不等于 0,命题就不成立;等于 0 命题就成立。这叫做差之毫厘,谬之千里,含糊不得。

幸好的是,有误差的计算完全能使我们得出准确的结论。可以证明,在一定条件下,计算出的结果的绝对值小到某个程度,就必然为真正的 0。这有点不好理解,看个例子就清楚了。

下面有一个三次方程

$$x^3+3x^2+x-1=0 \tag{2-3}$$

要问$\sqrt{2}-1$是不是它的根，能不能用计算器检验呢？

把$\sqrt{2}-1$的近似值 0.414 214 代入得：

$(0.414\ 214)^3+(0.414\ 214)^2+0.414\ 214-1=0.000\ 002$

我们能不能断言，这个 0.000 002 不过是由近似值的误差和计算的误差所带来的假象，而真正的结果应当是准确的 0 呢？

进一步的分析使我们放心，它应当是真正的 0。

假想真的把$\sqrt{2}-1$代进去，整理化简，若不是 0，应当是这样的一个式子：$m-n\sqrt{2}$而 m 和 n 是两个符号相同整数。因为

$$0<\sqrt{2}+1<3$$

可见$|m+n\sqrt{2}|<3^3+3\times 3^2+3+1<60$，从而

$$|m-n\sqrt{2}|=\frac{|m^2-2n^2|}{|m+n\sqrt{2}|}>\frac{1}{60}$$

这是因为当$m-n\sqrt{2}$不为 0 时，m^2-2n^2 是非 0 整数，它的绝对值不会小于 1。

但是，计算器的误差无论如何不可能把一个比 1/60 大的数算成 0.000 002，这表明它的真正结果应当是 0。

有穷个例子能推断无限种情形，带误差的计算能提供绝对准确的结果，这正是数学的力量。

2.3 一个例子证明的定理

例证法可以证明代数恒等式或计算代数式，自然容易想到：如果能把几何问题化成代数恒等式的检验或代数式的计算问题，便也能用举例的方法求解了。

几何问题化为代数问题有多种方法，其中最一般的方法是解析几何的方法，也就是笛卡尔提出的坐标方法。

我们先看下面两个例，再对一般的理论进行探讨。

［例 2.1］ 求证:任意三角形内角和为 180°

首先把几何问题化为代数问题。设三角形 ABC 的三顶点坐标为 $A=(0,0)$，$B=(1,0)$，$C=(u_1,u_2)$。这就是把 A 取为直角坐标系原点，直线 AB 取作 X 轴，边 AB 作为长度单位。证明三内角和为 180°，可以通过角度计算，也可以把三个角拼在一起看它们是否凑成一个平角。后一个方法是基本方法。因为角度计算公式的推导(如余弦定律的推导)往往已用过“内角和为 180°”这个事实。我们用后一个方法，把三个角搬到一起。

搬动方法如图 2-1。取 BC 之中点 M，延长 AM 至 D 使 $DM=AM$，则

$$\angle DCB=\angle CBA$$

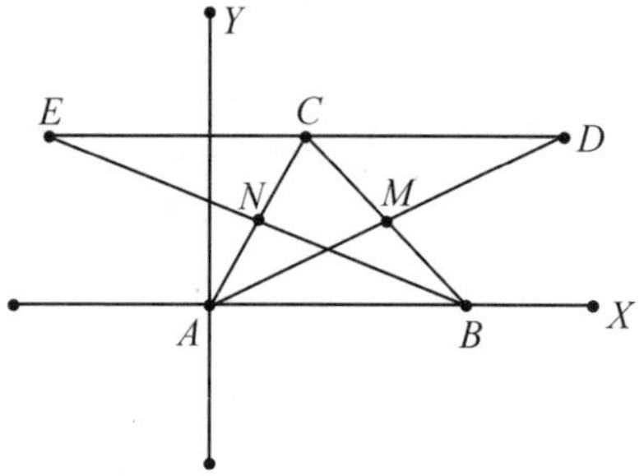

图 2-1

又取 AC 中点 N，延长 BN 至 E 使 $NE=NB$，则 $\angle ECA=\angle CAB$。于是要证明的命题即

$$\angle ECA+\angle ACB+\angle DCB=180°$$

也就是 D,C,E 三点共线。

设 $M=(x_1,x_2)$，$N=(x_3,x_4)$，$D=(x_5,x_6)$，$E=(x_7,x_8)$，则命题的假设条件为

H：

$f_1=2x_1-(u_1+1)=0$ （方程 f_1，f_2 表示：M 是 BC 的中点）

$f_2=2x_2-u_2=0$

$f_3=2x_3-u_1=0$ （方程 f_3，f_4 表示：N 是 AC 的中点）

$f_4=2x_4-u_2=0$

$f_5=x_5-2x_1=0$　　（方程 f_5,f_6 表示：AM 延长一倍到 D）

$f_6=x_6-2x_2=0$

$f_7=x_7-2x_3+1=0$　　（方程 f_7,f_8 表示：BN 延长一倍到 E）

$f_8=x_8-2x_4=0$

而要证明的结论是 D,C,E 共直线，即

$$\mathrm{C}: g=(x_5-u_1)(x_8-u_2)-(x_7-u_1)(x_6-u_2)=0$$

问题一共涉及 10 个变元。其中 u_1,u_2 可任意取值，叫做自由变元，一旦 u_1,u_2 定了，$x_1\sim x_8$ 都可以由条件 H 定下来，所以 $x_1\sim x_8$ 叫做约束变元。利用条件 H 解出 $x_1\sim x_8$ 代入 C，可以得到关于 u_1,u_2 的多项式 $G(u_1,u_2)$。要证明在条件 H 之下有结论 C，也就是证明 $G(u_1,u_2)$ 恒等于零。不具体计算，也可以看出 G 关于 u_1,u_2 的次数都不超过 1，于是只要在变元 u_1,u_2 的一个 2×2 的格阵上检验 G 是否为零即可。这个格阵可取(0,0)，(0,1)，(1,0)，(1,1)，立刻可以算出 G 在这几组数值下为零。事实上，对 $(u_1,u_2)=(0,0)$、$(1,0)$ 根本不用算，因为这时 A,B,C 三点共线，结论显然，而在 $(u_1,u_2)=(1,1)$ 与 $(u_1,u_2)=(0,1)$ 这两种情形下得到的三角形 ABC 是全等的。因而只要对 $(u_1,u_2)=(0,1)$ 做检验就够了。把 $u_1=0,u_2=1$ 代入 H，得 $x_8=1,x_6=1,x_7=-1,x_5=1$，代入 C 得 $g=0$，这就完成了命题的证明。

这表明，只要检验 4 个三角形（实质上是一个），便足以证明三角形内角和定理！

例 2.1 太简单了。再看一个稍为复杂一点的例子。

［例 2.2］ （托勒密定理）如图 2-2，A,B,C,D 四点共圆，则有

$$AC\cdot BD=AB\cdot CD+BC\cdot AD \tag{2-4}$$

即圆内接四边形的对角线之积，等于两双对边乘积之和。

如果不知道四点在圆上的顺序，则式(2-4)应写成

$$AB\cdot CD\pm AD\cdot BC\pm AC\cdot BD=0$$

此式的意义是可适当选取正负号使之成立。

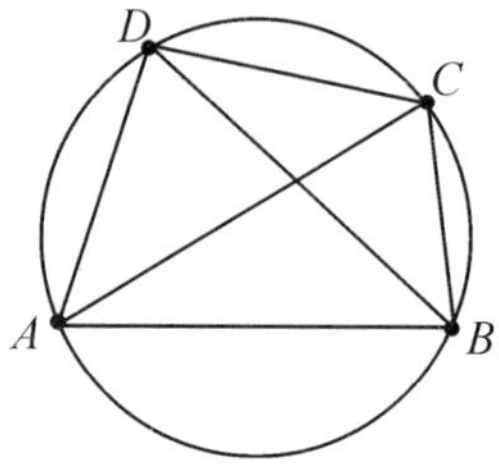

图 2-2

设 A,B,C,D 坐标为

$$(x_i,y_i)(i=1,2,3,4)$$

它们所共在的圆的圆心取作原点，半径为长度单位，则四点共圆的条件可表为

$$\text{H}: f_1=x_1^2+y_1^2-1=0$$
$$f_2=x_2^2+y_2^2-1=0$$
$$f_3=x_3^2+y_3^2-1=0$$
$$f_4=x_4^2+y_4^2-1=0$$

结论可写成

$$\text{C}: \sqrt{[(x_1-x_2)^2+(y_1-y_2)^2][(x_3-x_4)^2+(y_3-y_4)^2]}$$
$$\pm\sqrt{[(x_1-x_4)^2+(y_1-y_4)^2][(x_2-x_3)^2+(y_2-y_3)^2]}$$
$$\pm\sqrt{[(x_1-x_3)^2+(y_1-y_3)^2][(x_2-x_4)^2+(y_2-y_4)^2]}=0$$

利用条件 H，把 C 简化、去根号，得到多项式形式

$$\text{C}: G(x_1,x_2,x_3,x_4,y_1,y_2,y_3,y_4)=0$$

这里，G 关于 x_i,y_i 的次数不超过 2。

为了使 G 的变元都成为自由变元，我们用自圆心至点 (x_i,y_i) 的向径与 X 轴正向的夹角 θ_i 来描述 (x_i,y_i)，注意到 $x_i=\cos\theta_i$，$y_i=\sin\theta_i$，利用三角变换的万能公式，取 $\text{tg}(\theta_i/2)=t_i$，便得

$$x_i=(1-t_i^2)/(1+t_i^2)$$
$$y_i=2t_i/(1+t_i^2) \qquad (i=1,2,3,4)$$

这时 t_1,t_2,t_3,t_4 成为自由变元。将上式代入 G，去分母，得到只含 t_1,t_2,t_3,t_4 的代

数方程：

$$\Phi(t_1, t_2, t_3, t_4)=0$$

易估计出 Φ 关于 t_i 的次数不大于 4。要检验我们所关心的命题的真假，应当在 $5\times 5\times 5\times 5$ 规模的格阵上检验是否 $\Phi=0$。也就是说，可以在圆上任取五点，从五点中取所有可能的 A,B,C,D 来检验托勒密定理。若 A,B,C,D 中有两点重合，结论显然，故只要考虑从五点中去掉一点后，命题对剩下四点是否为真。如果这五点是正五边形的五个顶点，则去掉哪个点都是一样的，因而实质上只要检验一个例子。

如图 2-2，要检验的是等式

$$AC\cdot BD=a\cdot AD+a^2$$

是否成立。设 $AC=BD=AD=ka$，则要检验的等式化为 $k^2=k+1$。由正五边形边长与对角线的关系，便完成了定理的证明。

2.4 用例证法发现新定理

以上两例，只要用很少步骤即可证明所要的结论。但大多数情形不会这么便宜。许多几何题要用较多的例子检验。下面是一个有趣的新定理。

［例 2.3］ 设单位球面上的一个球面三角形面积为 π，则该三角形任两边中点的球面距离为 $\pi/2$。即三边中点成为球面正三角形。

这个命题有趣之处在于：一个不等边的球面三角形，它三边的中点却构成了等边三角形。这在平面上是不可能的。

设这个球面三角形的三个角是 A,B,C，而对应三边为 a,b,c，又设 a,b 两边中点距离为 m. 由球面余弦定律，得

$$\cos m=\cos C\cdot\sin(a/2)+\cos(a/2)\cdot\cos(b/2)$$

定理的结论 $m=\pi/2$ 等价于

$$\cos C\cdot\sin(a/2)\cdot\sin(b/2)+\cos(a/2)\cdot\cos(b/2)=0 \qquad (2\text{-}5)$$

将(2-5)式移项、平方，消去半角，得

$$(\cos^2 C)(1-\cos a)(1-\cos b)=(1+\cos a)(1+\cos b) \tag{2-6}$$

又因 $\cos a$ 和 $\cos b$ 满足余弦律

$$\cos A=\cos a \cdot \sin B \cdot \sin C-\cos B \cdot \cos C$$

$$\cos B=\cos b \cdot \sin A \cdot \sin C-\cos A \cdot \cos C,$$

而且由假设条件三角形面积为 π 得 $A+B+C=2$，故有

$$\cos C=\cos(A+B) \text{及} \sin C=-\sin(A+B)$$

如代入前式消去 C，解出 $\cos a$，$\cos b$ 并代入式(2-6)，并应用

$$\cos C=\cos(A+B),$$

经过去分母、整理，可化为

$$G(\cos A,\cos B,\sin A,\sin B)=0 \tag{2-7}$$

的形式。这里 $G(x_1,x_2,x_3,x_4)$ 是多项式，且 G 关于 x_i 的次数均不超过 5。注意，我们并没有真的解出 $\cos a$ 和 $\cos b$ 并代入式(*)，也没有进行整理，仅仅是想象若作整理将得到多大次数的多项式。利用万能变换

$$\cos A=(1-t^2)/(1+t^2),\sin A=2t/(1+t^2)$$

$$\cos B=(1-s^2)/(1+s^2),\sin B=2s/(1+s^2)$$

把式(2-7)化为关于 s,t 的代数方程：

$$\Phi(s,t)=0$$

这里 Φ 是 s,t 的多项式，而且 Φ 关于 S,t 的次数均不超过 10。于是，只要在 11×11 的格阵上检验是否有 $\Phi=0$ 即可。由于 $\Phi(s,t)$ 关于变元 s,t 对称，实际上只要验算 66 个数值实例。用 BASIC 语言，程序仅有 10 行，在 PB700 袖珍机上(内存 4kB)运行 150 秒，即检验完毕。这是用例证法证明的新定理之一。

有的几何命题，要用大量的例子来检验。例如

[例 2.4] 求证：四面体的四个高 h_1,h_2,h_3,h_4 和它的三个宽度 w_1,w_2,w_3 之间有关系：

$$\frac{1}{h_1^2}+\frac{1}{h_2^2}+\frac{1}{h_3^2}+\frac{1}{h_4^2}=\frac{1}{w_1^2}+\frac{1}{w_2^2}+\frac{1}{w_3^2} \tag{2-8}$$

这要用 14 万个例子来检验，在 AST286 微机上运行了好几个小时。这里，四面体的宽度是指它的一对不相交的棱之间的距离。

2.5 数值并行法的一般实现

上面我们看了例 2.1～2.4，说明用数值并行法检验几何命题的基本道理。但是，用计算机证明几何定理，这样一理一证就没多大意思了。要建立能解决一类问题的法和程序，一批批地处理，才能实现用机器代替人的高级脑力劳动的美梦。

一般的算法寓于个别解题过程之中。由以上几个例子，可以看出用数值并行法证明几何定理的步骤：

第一步，利用取坐标或三角函数，把要解决的问题化为代数形式：在一组代数等式条件下，问另一代数等式是否成立。

第二步，设想利用假设条件消去结论等式中的约束变元，使结论转化为只含自由变元的代数方程，估计此代数方程关于各变元的次数以确定格阵规模（并不真的写出这个方程）。

第三步，根据格阵规模取自由变元的若干组数值，检验命题对于这些具体数值是否成立。如果都成立，则表明第二步中的代数方程为恒等式，从而命题为真。

这里产生了一个问题：第二步中，消去约束变元而得到一个只含自由变元的代数方程是否总能办到呢？我们发展了一些关于非线性代数方程组的理论和工具，证明了这总是可以办到的。这些理论和工具，就不属于这本小书的范围了。

但对相当大的一类几何命题——所谓构造性几何命题，我们的算法可以在这里说清楚。本书附了一个用数值并行法检验这类平面几何命题的程序 MP. EXE，有兴趣的读者不妨运行一下我们提供的例子，或自己输入几个命题试试。

例证法——数值并行法的好处在于：用数值计算代替符号计算以减少内存的消耗；用并行处理取代串行处理以缩短运行时间。它在实际运行时占用内存极少，首次实现了用低档袖珍微机（如 PB700）证明非平凡几何定理以及发现新定理。它也是目前唯一的可并行的几何定理机器证明算法。

例证法——数值并行法不仅能证明几何定理，也可以用来检验代数方程组的相容性。它还可以发展成为解非线性代数方程组的并行的插值消元法。

举例证明几何定理的实现，也有着哲学上的兴趣。

归纳推理，是人类认识世界的一个基本方法。归纳法广泛用于自然科学的研究，特别是物理学的研究。物理学的基本定律来自实验与观察，从有限次实验与观察中作出关于无穷多对象的判断。结果常常是对的。这在哲学上被认为是一个难以解释的问题。例证法的出现，有可能为归纳方法的合理性提供逻辑的根据。很可能科学家所观察的对象之间的关联，可以用代数恒等式或更广泛一些的解析恒等式来表达。这正是例证法成立或可能成立的领域。

例证法——数值并行法利用了命题涉及的对象之间的代数关联性。我们还可以找到别的关联性，如拓扑关联性。一个连续函数在某一点不为0，则它在这一点的某个小邻域也不等于0。这个小邻域虽小，其中却有无穷多个点。这表明，检验了一点的性质，也就了解了无穷多个点的性质。从这个角度，又加强了对归纳推理的支持。

前面提到过，在西方哲学史上，是归纳法好还是演绎法好，曾有过长期的激烈争论。初等几何，是演绎推理占统治地位的最古老的王国，也正是历史上演绎与归纳分道扬镳的三岔口。有了例证法，归纳法也可以在这个古老王国占一席之地了。但例证法的合理性，则是用演绎法证明的。在这一点上，是演绎支持了归纳。

其实，归纳本来就支持过演绎。几何学的公理，几何推理的基本法则，本身无法演绎的证明，它们是人类经验的总结，是归纳推理的结果。归纳与演绎是相互支持，相互补充的，它们不是水火不相容的。例证法为此提供了有启发性的根据，在两者之间建立了一条通道。

三

一网打尽——几何信息搜索系统

从前文我们已经知道，用数值检验的方法可以证明几何定理。虽然数值计算是计算机的拿手本领，举例证明定理也颇新鲜有趣，但不无遗憾的是，在平淡繁琐的计算中，我们似乎失去了古典风格的几何推理的美。所幸的是，计算机有多方面的能力。它不仅会计算，也会推理。它能学会我们教它的多种风格的解题方法。用搜索信息的方法模拟人的推理活动，它能给出许多几何问题的传统风格的解答。

3.1 寻求传统几何的美

解几何题是十分有吸引力的智力活动之一。图形的直观简明，推理的曲折严谨，思路的新颖巧妙，常给人以科学美的享受。许多青少年数学爱好者，往往首先是对几何有了浓厚的兴趣。

用计算机证明几何定理，如果仅限于用平凡而繁琐的数值计算代替巧妙而难于入手的综合推理，则未免大煞风景。难怪一位澳大利亚的数学教授听到用举例检验的办法能证明几何定理时，愤怒地抗议说，这破坏了几何的美！

往往有一利必有一弊。科学和技术的进步促进了人类社会的繁荣昌盛，也带来生态和环境的许多问题；新技术提高了肉蛋菜的产量，却使它们失去了自然的美味；圆珠笔和打字机代替了毛笔石砚，方便快捷，学生们的书法艺术水平也就今不如昔了。同样，用计算机基于数值计算来检验几何命题，使我们不必挖空心思想妙招就能判断许多几何命题的真假，但也就无法欣赏体验用传统风格解决几何问题的乐趣。

解几何题是思维的体操，不应当被枯燥的计算所取代。通过计算机的大量计算判断命题为真，确实是证明了定理。这是有严谨理论基础的。但这证明写出来只是一大堆令人眼花缭乱的算式、数字或符号，既没有直观的几何意义，又难于理解和检验，这跟几何教科书上十行八行就说得明明白白的传统风格的证明大不相同。如果计算机给出的这一堆难于理解和检验的数据也算是几何问题的解答，这解答应当叫做不可读的解答。

证明定理和代数方程求根有点不同。不管用什么方法把根找出来，找得对不对可以代入原方程检验。一个证明是否正确，就要一步一步地来读个明白才知道。计算机经过一阵子飞快的运算后宣布一个命题成立，我们难于检验它的正确性，凭什么承认这条定理呢？

除了承认这个方法（如数值并行法）在理论上正确之外，还要有如下令人信服的条件：

计算机的硬件运行无误；

计算机的系统软件运行无误；

支持数值计算的平台软件运行无误；

我们写的用计算机解题的程序运行无误。

也就是说，在计算机给出的题解不可读时，所谓的命题成立，是在上述一系列条件之下的成立。我们相信它成立，不是因为对命题的意义有真正的认识，不是出于对解答的理解和检验，而是由于我们对所用的计算机的质量、软件的可靠性、程序的正确性等深信不疑。而对软件和硬件的信任，则来自大量经验的事实。

但按照数学的游戏规则，是否接受一个命题为定理，是要看证明。当向一位数学家谈到你得到的新结果时，常听到的是"写出来看看"。即使声望极高的数学大师，也不可能宣布一条不加证明的定理而指望得到同行的承认。反之，即使是一贯说谎的家伙，只要他给出的命题有清楚的证明，大家也会相信。中国古人所提倡的"不以人废言"，在数学社会是公认的道理。

所以，在用计算机解决几何问题，特别是证明几何定理时，都希望能给出易于理解和检验的解答过程，即可读的解答或证明，这绝不是过分的要求。

所幸的是，计算机不仅能计算，也能推理。只要我们会教，它就能学会传统风格的几何解题方法。

我们希望的是，既要用计算机帮助人脑，减轻人的高级脑力劳动，还要在提高效率的同时，寻求传统几何的美。

3.2 从例子找出方法

有经验的老师讲新课，总是从例子开始。

同样，我们给计算机当老师，教它用传统的风格解决几何问题，也要从具体的例子开始，让它知道传统风格解几何题是怎么回事。

［**例 3.1**］ 设 $ABCD$ 是任意四边形。四边 AB，BC，CD，DA 的中点顺次为 E，F，G，H。求证：$EFGH$ 是平行四边形，如图 3-1 所示。

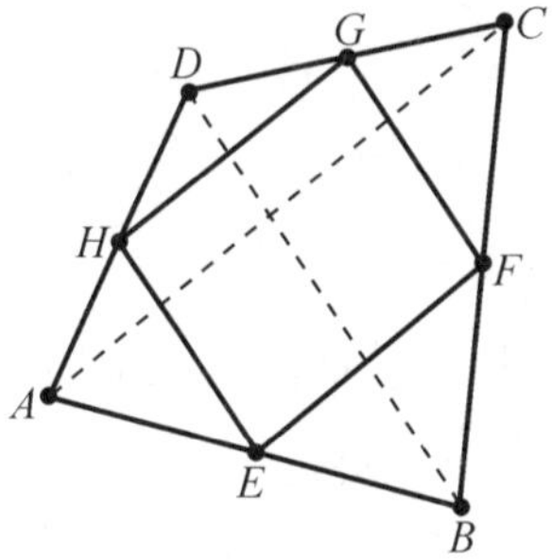

图 3-1

传统风格的一种证法是这样的：

(1)E 是 AB 的中点(已知)

(2)F 是 BC 的中点(已知)

(3)$EF /\!/ AC$(由(1)(2)及三角形中位线定理)

(4)G 是 CD 的中点(已知)

(5)H 是 AD 的中点(已知)

(6)$GH /\!/ AC$(由(4)(5)及三角形中位线定理)

(7)$EF /\!/ GH$(由(3)(6)及平行线的传递性)

(8)$FG /\!/ BD$(由(2)(4)及三角形中位线定理)

(9)$HE /\!/ BD$(由(1)(5)及三角形中位线定理)

(10)$FG /\!/ HE$(由(3)(6)及平行线的传递性)

(11)$EFGH$ 是平行四边形(由(7)(10)及平行四边形定义)

证毕。

让我们像小孩子拆开玩具一样，把上述命题和证明分解成一堆“零件”，看看它们是如何组装起来的。

先看命题部分。它提供了有关问题的基本信息：

1. $ABCD$ 是任意四边形。这等于引进 A,B,C,D 四个点，别的什么都没说。这是平凡的信息。

2. 线段 AB,BC,CD,DA 的中点顺次为 E,F,G,H。这就是证明中的语句(1)、(2)、(4)、(5)的内容。

3. 希望证明的结论：$EFGH$ 是平行四边形。这正是证明中最后一行，即(11)，但不包括括弧内的理由。

这表明，命题提供的非平凡信息都出现在证明过程之中了。这是有道理的。证明中不用的信息，一定是多余的，是废话。

再看证明部分。它由 11 行组成，每行的前半段是一个判断，或者说提供一条信息，后半段，即在括弧里的部分是这个判断的理由。如果这个判断来自命题的条件，则简单地说“已知”。否则，就指出这条新信息是由前面已经得到的哪些信息推出来的，以及能够进行这一步推理的依据——定理、定义等几何知识。

可见，我们能写出上述证明，如果不是死记硬背，那在头脑中就一定要有保留并运用两类资源：命题所包含的几何信息，一般的几何知识。如果说解几何题有时需要灵感，那么这灵感也只能在所掌握的几何知识基础之上产生。这就是所谓的熟能生巧。

在上述分析的基础上，我们来描述一下解答产生的过程，以便为计算机提供榜样。

在看到题目之前，已经掌握了有关的一般几何知识：公理、定理、定义、公式，通称推理规则。这是预先就存在头脑里的一个知识库——**推理规则库。**

读了题目之后，把题目提供的几何信息记在头脑里，这就形成了一个临时的**几何信息库。**

不管你是不是意识到，你头脑里一定有这两个库，否则就很难解题。如果你缺乏几何知识（没有推理规则库）或记不清题目（没有几何信息库），十之八九不会成功。

然后，进行思考。这就是将知识库里的推理规则应用于几何信息库里的信息。推出了新信息，就把新信息和它的来历（用了什么推理规则和哪些旧的信息都要记下来，不然就成了一笔糊涂账）加到信息库里。并不是每条新的信息都有用。可是在题目的解答还没有谱的时候，天晓得哪条信息有用，哪条没有用呢，还是统统记下来为妙。这种得到什么要什么的战略叫做大英博物馆方法，破盆子烂骨头进了博物馆说不定都是宝贝。反复进行下去，这个过程叫做**前推式几何信息搜索过程。**

如果你觉得脑子不够用，记不住越来越多信息，不妨拿张草稿纸记一下。推理规则太多了记不住，也可以拿本数学手册或几何课本作参考。反正这又不是闭卷考试。

如果所有的推理规则都用了一轮还得不出新的信息，就应当见好就收，别干下去了。这表明几何信息库再也不能扩大了，叫做达到了推理不动点。这时，如果几何信息库中包含了所要证的结论或待求的几何量，则解题成功。否则解题失败。

通常，我们随时关注新信息是不是包含了所要的结论。结论一出来，就不再去追求到达推理不动点。

解题成功，就可以从你记下来的信息当中提取有关的东西，组织成一个有条有理的证明或解法。

解题失败，几何信息库并不是就没用了。它可以作为你进一步思考的基础。进一步思考的方向有：要不要多学点几何知识，增加几条推理规则；要不要添条辅助线；要不要用反证法或同一法。当然，还要多一个心眼，仔细检查题目是不是错了。对最后这一手，计算机帮得上我们的忙，用前面讲的数值并行方法，能检验大多数常见的题目。

上面这套办法，计算机完全能学会。

3.3 试用几何信息搜索系统

上面举了例子，讲了道理，但还是在务虚，是纸上谈兵。

要想真的在计算机上实现我们设想的**几何信息搜索系统**，就得真刀真枪地编个程序。哪怕是个小程序，只能解一两个问题也好。动手编写了，就真正知道计算机解几何问题是怎么回事了。

也许你没有时间和耐心来一键一键地敲，却有兴趣体验一下用计算机产生几何问题的解答。为此，我们提供了一个用 LISP 语言写的小小的几何信息搜索系统。你不但可以运行它来证几个题，还可以读一下它的原码，看是怎么写的。进一步，你可以自己编几个例子试试。再进一步，你可以写几个函数，增加推理规则，以扩充这个几何信息搜索系统。

在你的计算机硬盘 C 盘上建一个子目录 JSJDSK，然后将本书所附的程序盘中子目录 JSJDSK 下的文件都拷贝进去。运行 LISP，在主窗口 TOPLOOP 里执行命令(用菜单或图标执行也可)：

```
>(load"c:\\jsjdsk\\gistry.lsp")
```

回车后屏幕上出现几行英文，不要管它。然后执行：

```
>(hlp)
```

则 LISP 回答：

```
(TRY-RUN (KS) (EX 1) (CEX 1) (CLM 0) (jt 1) *
PRF (C))
```

这是提示你运行几个函数。第一个是 KS，即开始：

```
>(KS)
```

这是数据初始化，把信息库清空。再运行

```
>(ex 1)
```

意思是看看文件内提供的例 1 的 LISP 文本。LISP 回答是：

```
(EX1 (PN A B C D)(MD M A B)(MD N A D)
  (MD P B C)(MD Q D C)(CP M P N Q))
```

上面括弧内开头的 EX1 表示例 1，后面有 6 个括弧，每个括弧叫做一个谓词语句，记录了一条几何信息。第一个谓词语句(PNABCD)是说 A,B,C,D 是任意四点。符号 PN，以及后面的 MD，CP，PP 等都叫做谓词，是用来说明几个点之间的几何关系的。第二个谓词语句(MD M A B)说明 M 是 AB 的中点。接着三个类似。最后一个谓词语句

```
(CP M P N Q)
```

是要证明的结论，意思是 M,P,N,Q 四点共面。

用这种方式表达几何命题，是为了让计算机容易理解。如果用一般的中文或英文语言也不是不可以，但编写程序难一些，计算机理解起来也要花费更多的时间。

你也可以设计自己喜欢的几何信息记录方式。只要程序好写又好运行。

下面的命令是要求显示例 1 的普通中文叙述方式：

```
>(cex 1)
```

LISP 回答：

“设空间四边形 ABCD 四边中点顺次为 M，P，Q，N，则 M，P，Q，N 共面”这是写程序的人敲进计算机的一行字，计算机死记硬背的结果。不算它的真本领。下面我们看看推理规则库里有哪些武器。

>(clm 0)

“引理 0　三角形两迦中点的连线平行于第三边”

>(clm 1)

“引理 1　两平行线确定一平面”

>(clm 2)

“引理 2　平面的垂线与平面上任一垂线垂直”

>(clm 3)

“引理 3　与平面上两相交直线垂直的直线必垂直于此平面”

>(clm 4)

“引理 4　平行于同一直线的两直线必平行”

>(clm 5)

NIL

只有五条，问到第六条它就回答 NIL 了。这五条也是计算机死记硬背的。为了它能真正掌握这几条推理规则，程序里另外写了五个函数。现在让计算机解答例题 3.1：

>(jt l)

((M P N Q) * CPS)

“命题成立，生成证明 * prf”

解题成功。前一行表示(M P N Q)是一组共面点，而 * CPS 是专门记录共面信息的匣子，是个全局变量。它是整个几何信息库的一部分。后一行说明全局变量 * PRF的当前值就是计算机生成的证明。要看证明，就敲这个全局变量的名字：

>* prf

((1 (MD P B C)(YIZ))

(2 (MD M A B)(YIZ))

(3 (MD Q D C)(YIZ))

(4 (MD N A D)(YIZ))

(5 (PP P M C A)(LM0 1 2))

(6 (PP Q N C A)(LM0 3 4))

(7 (PP P M Q N)(LM4 5 6))

(8 (CP P M Q N)(LM1 7)))

我们看到，计算机生成的证明共有八步。下面简单地用命令(C)让计算机把上述证明翻译成通常的中文形式：

>(c)

(1)P是BC中点(已知)

(2)M是AB中点(已知)

(3)Q是DC中点(已知)

(4)N是AD中点(已知)

(5)PM平行于直线CA(由引理0及(1)(2))

(6)QN平行于直线CA(由引理0及(3)(4))

(7)PM平行于直线QN(由引理4及(5)(6))

(8)PMQN诸点共面(由引理1及(7))

这个证明是从几何信息库里抽取信息组织而成的。要查看几何信息库里有几个匣子，里面有几条信息，可敲入全局变量名*INS：

>*ins

((* PPS 6)(* MDS 4)(* TPS 0)(* CLS 4)(* TTS 0)

(* CPS 5)(* PNS 8))

程序告诉我们共有七个信息匣子。*PPS记录两直线平行的信息，共六条；*MDS纪录中点信息四条；*TPS记录直线与平面垂直的信息，空；*CLS是共线信息，四条；* TTS 是直线与直线垂直的信息，空；* CPS 前面提到过，是四点共面信息，五条；* PNS 则告诉我们这个题目里涉及一共八个点。当然，几何里的信息种类要多得多，这只不过是一个说明几何信息搜索系统工作原理的模型程序。你可以改写它，设置更多的信息匣子。

键入信息匣子的名字，就可以检查里面的信息。例如关于平行线的信息：

```
>* pps
((P M Q N)(N M Q P)(N M D B)(P M C A)
    (Q N C A)(Q P D B))
```

如果想检阅整个几何信息库，就键入：

```
>(xxk)
((* PPS ((P M Q N)(N M Q P)(N M D B)(P M C A)(Q N C A)
    (Q P D B)))
(* MDS((Q D C)(P B C)(N A D)(M A B)))
(* TPS NIL)
(* CLS((Q D C)(P B C)(N A D)(M A B)))
(* TTS NIL)
(* CPS((P M Q N)(Q P D B)(Q N C A)(P M C A)
    (N M D B))))
```

这个例子简单，信息不多。有些几何问题，信息成千上万，这样看就看不清楚了。可以另外安排查询的方法。

注释

如果再想看一个例子，还要进行数据初始化：

```
>(ks)
```

这时再看信息库

```
>(xxk)
```

((* PPS NIL)(* MDS NIL)(* TPS NIL)(* CLS NIL)

(* TTS NIL)(* CPS NIL))

它已经被清空了。下面看例 3.3：

>(ex 2)

(EX2((PN P A B C)(F2 D P A B C)(F1 E D A B)(TT P E A B)))

如前所述，(PN P A B C)是引进四个任意点 A,B,C,D。接着的谓词语句(F2 D P A B C)表明，D 是自 P 向平面 ABC 作垂线的垂足，而(F1 E D A B)则说，E 是自 D 向直线 AB 作垂线的垂足。要证的结论(TT P E A B)是直线 PE 垂直于 AB。这其实就是立体几何里常用的三垂线定理。现在看它的中文叙述：

>(cex 2)

"(三垂线定理)设点 P 到平面 ABC 的垂足为 D，D 到直线 AB 的垂足为 E，则 PE 垂直于 AB"

然后启动解题功能：

>(jt 2)

((P E A B)* TTS)

"命题成立，生成证明 * prf"

屏幕显示解题成功。信息匣子 * TTS 里有"$PE\perp AB$"这条几何信息。下面是证明的内部数据和中文叙述：

>* prf

((1 (TP P D D A B C)(YIZ))

(2 (TT P D A B)(LM2 1))

(3 (TT D E E A B)(YIZ))

(4 (TP A B E P D)(LM3 2 3))

(5 (TT A B E P)(LM2 4)))

>(c)

(1)直线 PD 垂直于平面 $DABC$(已知)

(2)直线 PD 垂直于直线 AB(由引理 2 及(1))

(3)直线 DE 垂直于直线 EAB(已知)

(4)直线 AB 垂直于平面 EPD(由引理 3 及(2)(3))

(5)直线 AB 垂直于直线 EP(由引理 2 及(4))

3.4 几何信息搜索系统的算法结构

对编写程序有兴趣的读者,最好仔细看看这一节。

启动 LISP,打开文件 C:\JSJDSK\GISTRY. LSP,看看我们在上一节用来解题的命令

```
>(jt 1)
```

是怎么执行的。这里 JT 是一个函数名。用菜单里的查找功能,查找字符串 defun ji 就可以找到函数 JT 的定义。当然,文件不大,你作几次翻页,细心一点也找得到。只是你应当养成使用查找功能的习惯,久了会节省不少时间。更快捷的查找函数定义的方法,是先把光标置于函数名之前,再用鼠标单击画有放大镜和括号的图标即可。

看函数 JT 的定义:

```
(defun jt (k)
(setq * st(cdr (nth k * sts)))
(setq * stc(car (last * st)))
(gis)
(chk))
```

它只有四行。第一行给全局变量* st 赋值,令* st 代表要证的命题,即预先设置好的第 K 个例子。它是从例子组成的表* sts 里取出来的。不妨看看* STS:

```
>* sts
```

```
((EX1 (PN A B C D)(MD M A B)(MD N A D)
    (MD P B C)(MD Q D C)(CP M P N Q))
(EX2 (PN P A B C)(F2 D P A B C)(F1 E D A B)
    (TT P E A B)))
```

它现在只包括两个例子。如果有兴趣,你可以在文件中找到赋值语句

```
(SETQ* STS…)
```

在后面加上更多的例子。

第二行给全局变量* stc 赋值,令它代表命题的结论。我们执行一下命令

```
>(ks)
>(jt 1)
```

再看看全局变量* ST 和* STC 的当前值:

```
>* st
((PN A B C D)(MD M A B)(MD N A D)(MD P B C)
    (MD Q D C)
(CP M P N Q))
>* stc
(CP M P N Q)
```

这是函数 JT 的前两行的效果。它的第三行是(GIS),这又是我们定义的一个函数,意思是几何信息搜索。它的定义不难在同一个文件中查出来:

```
>(defun gis( )
(st-dd)
(uslm))
```

它又执行两个任务:一个是函数 st-dd,它做的事是把命题中的条件转化为几何信息库里的数据;另一个是 uslm,意思是使用引理,即轮流将推理规则用于几何信息库里的信息,再把推出的新信息记录到库里,这可是整个 JT 程序所干的最主要的活。

函数 JT 的第四行是(CHK),它的任务是,检查几何信息库里有没有所要的结论。如果有,就将有关的信息组织起来,生成证明或解答,并向用户报告。否则,显示题目尚未解决的信息。

如上所述,程序运行过程中绝大部分的时间是在搜索新的几何信息,即轮流地将推理规则用于已经得到的信息,以丰富我们对问题的认识,直到推不出新东西为止。

我们已经提到过好几次,要把推理规则用于几何信息。那么,更具体一些,一条推理规则是如何用于信息库里的信息的呢?

每条规则都有前提和结论。"前提"是一组特定的信息,"结论"是由这组特定的信息推出的信息。例如:

[引理 1] 三角形两边中点的连线平行于第三边。它的前提是两条中点信息,即信息匣子*mds 中的两条信息。前面我们让计算机解答例题 3.1 时用命令(XXK)检阅了信息库,其中的信息匣子*mds 的内容包括四条中点信息:

(* MDS((Q D C)(P B C)(N A D)(M A B)))

其中(Q D C)意思是"*Q* 是 *DC* 的中点"。当用"引理 0"这条推理规则于信息库时,只要考虑这一个信息匣子就够了。从四条信息里取两条编成一组,共有六组。依次将引理 0 用于其中的每一组,结果有三种可能:

(1)匹配成功,并得到新信息,如引理 0 用于(QDC)和(PBC)。这两条信息联合起来表明 *P*,*Q* 分别是△*DBC* 的两边 *DC*,*BC* 的中点,因而得出"*PQ**BD*"这条信息。经检查库里无此信息,就记入。

(2)匹配成功,但不是新信息。工作白干了。

(3)匹配失败。例如,引理 0 用于(Q D C)和(M A B)。虽然 *Q* 是 *DC* 的中点,*M* 也是 *AB* 的中点,但线段 *DC* 和 *AB* 构不成三角形,用不上这条推理规则。这就叫做匹配失败。

这样,似乎异常复杂的几何推理过程,就化为简单的机械性的操作了。

3.5　讲究策略精益求精

复杂的推理过程可以化为简单的机械性的操作，但简单的操作重复多次就不再简单了。要提高效率，就又出现复杂的问题。

许多几何问题包含了大量的信息。人在进行解题思考时能借助于直觉和经验，抓住最关键的信息得到解答，计算机却靠机械地搜索，大鱼小鱼一网打尽，工作量就非同小可了。比如一个三角形和它的三条高线，这是个很简单的几何图形，用计算机搜索几何信息，居然发现图中有 105 组成比例的线段！

计算机得到的有用的信息多，在搜索中得到的没有用的信息就更多。而推理规则和信息组匹配失败的情形则比比皆是。不幸的是，有用、无用的信息都要经过检查才能决定取舍，成功、失败的匹配都要经过操作才能明白。要去掉大量失败的操作而留下成功的匹配，检查许多无用的信息而获取有用的结论，这正如沙里淘金。

这种一网打尽、竭泽而渔的搜索推理想法，不是什么新的发明，它是一种古老的机械化推理设想。在没有计算机的时代，也只能是设想而已。一旦有了计算机，科学家就把它付诸实施。最早提出用计算机证明几何定理，见于 1960 年格兰特(Gelernter H.)、汉森(Hanson J. R.)和拉福兰德(Loveland D. W.)联名发表的文章。他们设想的是从结论出发进行搜索，后来被称为**后推链方法**。到了 1975 年，奈文斯(Nevin S A. J.)提出了**前推链方法**，即我们前面介绍的从命题的条件出发的**搜索推理方法**。

提出前推或后退的推理战略并不难，难的是把这一般的想法实现为有效的算法和程序。几十年来，科学家基于前推和后推的战略进行了艰苦的探索，致力于减少搜索的工作量和引导程序向问题的要求去推理。直到 1995 年，沿这一路线的工作成效不大。从所发表的例子来看，只能证明一些仅涉及直线形的较平凡的命题，并且未见到有到达推理不动点的报导。

其实，这个方向多年研究进展不大，并非由于战略不当。搜索应当是几何问题计算机求解中必要和重要的部分。在**检验、搜索、归约和转换**这四种基本思路中，搜索是联系多种方法的纽带。它一方面是归约的补充，一方面又是转换的基础。问题是如何发挥这个老想法的潜力，使之焕发青春。

基于这种看法，作者（和周咸青、高小山合作）基于前推模式设计并实现了一个几何信息搜索系统。由于适当选择几何工具，合理组织数据和优化推理过程，其意外良好的效果远远超过人们对前推搜索方法的估计。过去有些研究者曾提出这样的问题：用前推搜索的方法能否对非平凡的几何命题达到推理不动点？能否处理涉及圆的非平凡的几何命题？这两个问题均为我们的算法所圆满回答。我们的算法曾用C语言在NeXT工作站上实现，试用于161个非平凡的平面几何问题，均在合理的时间内达到不动点，并能解决某些其他方法解决不了的问题。有兴趣的读者可经过网络用ftp免费取得我们的程序，地址是：

emcity. cs. twsu. edu：pub/geometry/software：ge_sun. tar. Z

这种几何信息搜索系统还用于教育软件的开发。作者所策划的系列智能教育软件《数学实验室》（中国科学院成都地奥软件公司发行，中国少年儿童出版社出版）中，有一个《立体几何》[6]其核心程序就是前推搜索。在所建立的几何信息库的基础上，该软件提供了人机交互解题、解题过程分析、辅助线建议、图形的测量和变换多种功能。《数学实验室》的另一个软件《几何专家》[4]，包括了平面几何证明的多种机械化方法，前推搜索法是其中之一。

也许你更关心的是，我们的算法究竟有哪些与前人不同之处，才有如此出乎意料的效果呢？

总的来说，是充分考虑几何的特点，一方面吸取几何学家常用的方法、工具和经验；另一方面还要根据计算机工作的特点，对人所用的方法进行选择和改造，使之适于机械化。

具体说来，有这么几招：

（1）精心选择几何量、几何谓词和几何解题的推理规则

①要选用那些在几何推理中有重要作用但又不至于引起信息爆炸(信息大量增加)的谓词和推理规则。例如,我们首先选用的几何谓词有:平行、垂直、共线、共圆、等角、等长、等比、全等、相似和中点共 10 个。这些性质能刻画出一个几何图形的特殊性,并且在一个图形中不会有太多的这些性质。跟这类性质有关的引理就应当优先考虑。有些引理,虽然在推理中也重要,但它们容易导致信息膨胀,故应当限制使用。例如,对任意三角形,都有正弦定理和余弦定理共 6 个等式。由任意三三不共线的 5 个点构成的图中,由正弦定理和余弦定理可以写出 360 个等式,而这些等式并没有反映出图形的任何特殊性质。所以,这两个定理属于限制使用的推理规则之列。

不过,像正弦定理和余弦定理这种带普遍性的推理和计算工具,在归约方法中却有重要的作用。这正是搜索与归约能够相互补充相互辅助的原因。

②使用有高度概括力的几何量。例如,前述在网络上所提供的软件,程序中使用了"全角"来代替传统角。传统的角,是由具公共端点的两射线所构成的图形。而全角则是由平面上任意两直线所构成的图形。用全角描述几何性质,不依赖顺序关系。可以用一个等式表述图形的多种情形,使推理大为简化。关于全角在计算机解题中的使用,下面在 3.6 节介绍。

但是,在中学的教科书上不讲全角。为了教育的需要,传统的角是不能不用的。这就降低了推理的效率。一个可行的建议是:内部推理用全角,而生成证明或解答时,再根据具体图形翻译成用传统角表达的形式。这种兼顾效率和可读性的设想,相信不久即可实现。

③适当注意推理规则之间的相互独立性,尽量避免重复。例如,矩形也是平行四边形,用了平行四边形对边相等这条规则,就不要再用矩形对边相等的规则了。

(2)合理组织数据结构

①几何信息的标准化。一个几何性质有多种表示方法。例如:三点共线依不同顺序有 6 种写法;两直线平行时,用两点代表一直线,有 8 种写法;四点共圆有 24 种写法;而四条线段成比例则有 256 种写法。因此,在记录、查询和搜索几何信息

时，应当约定一种标准形式。但在使用推理规则时，却不可避免地要用到非标准形式。如何协调同一条信息的不同表示，就成为一个重要的问题。

②几何信息的压缩与展开。四点共线蕴涵了 4 条有关三点共线的信息。六点共圆，则蕴涵了 15 条有关四点共圆的信息。因此，在记录几何信息时，可采取紧凑的形式来节省内存空间和查询的时间。有些谓词描述了几何元素或几何量之间的等价关系，如平行、相似、全等、等长、等角和等比。这类信息的记录就可以按等价类的形式来处理。这叫信息的压缩。

例如，已知 $AB=CD$，$AB=EF$，可记作一条

(＝AB CD EF)

以后又得到新信息 $CD=GH$ 时，就把原来的记录扩充为

(＝AB CD EF GH)

同时就自动地得到了新信息 $GH=AB$ 和 $GH=EF$。这样，一些较平凡的推理在信息记录和数据整理过程中就自动地实现了。这使推理效率得到提高。

信息以压缩的形式记录，但在使用时还要展开。由此又引出一系列有趣的问题，值得进一步研究。

③信息的追溯。为了对每条信息的来历都清清楚楚，以便在必要时生成证明或解答，在记录和整理数据时不能湮没信息的来源，保证信息的可追溯性。

(3)优化推理过程

①对引理的组合运用。即把常见的图形(如带有顶角平分线的等腰三角形)的有关推理组合在一起，使推理更加紧凑快捷。这也有利于避免某些重复推理。

②推理过程动态化，得到的新信息可以立即用于推理，不必等到一轮推理规则使用完毕。

③有效的防重复推理。主要是防重复入口和防重复结论两种方法。对于提供给推理规则作匹配的信息组，进行针对推理规则的编号，以保证用过的信息组就不再使用。这防止了信息重复进入推理。防重复结论的方法是，不仅对已推出的信息检查其是否重复，重复了就不再记录，而且在一组信息和一个推理规则开始匹配

时，就预先检验它可能产生的信息是否是新的。若非新的，则不进行推理，或根本不进行匹配。

上述改进前推搜索的措施，收到了明显的效果。

3.6　全角方法的应用

用计算机解决几何问题，用全角比传统的角方便得多。

在几何教科书上，角是“由一点出发的两条射线所构成的图形”。这是关于角的传统的定义。

这有时不大方便。如果我们考虑直线 AB 和 CD 之间的角，当图上没有画出交点时，就无从说起。人做题还好办，画延长线添上交点就是了。计算机做题，看图不容易，要添上点就更麻烦。至于两条线平行时，人做题也无法让它构成角了。

引入全角的概念，使“两直线间的角”有了确切的意义，带来了莫大的方便。其实，在现行的高中解析几何教材中，“直线 L_1 和 L_2 之间的角”实质上就是全角，只是没有点明，也没有讲全角的特点，更没有讲全角的运算规律以及在几何解题中的应用。

以下介绍全角的概念、记法、度量和运算规律。

(1)全角的概念和记法

同一平面上的两条直线 L_1 和 L_2 构成的有序对，叫做一个全角，记作＜L_1 L_2＞。注意：＜L_1 L_2＞和＜L_2 L_1＞是不同的。因为我们有言在先，说的是“有序对”。

如果有时把直线 L_1 和 L_2 记作 AB、CD，全角＜L_1 L_2＞自然也可以记成＜AB CD＞、＜BA CD＞、＜BA DC＞、＜AB DC＞或＜AB L_2＞、＜L_1 CD＞等。注意：在同一条直线上取哪两点，以及点的顺序都是无所谓的。如果直线 L 上有 P、Q、R 三个两两不同的点，则 PQ、RQ、QP……等都代表这同一条直线 L。

当直线 L 和 M 相互垂直时，说全角＜L M＞为直角，记成＜L M＞＝＜1＞。这里的 1 表示 1 个直角。若 L 与 M 平行或重合，称全角＜L M＞为平角，记成＜L

$M>=<0>$。

(2)全角的度量

全角也可以有度数。当$<L\ M>$是平角时，度数为 0，记成$<L\ M>=<0^\circ>$。若$<L\ M>$非平角，将直线 L 依照反时针方向旋转到首次与直线 M 平行的位置，所旋过的角度 n°($n<180$)就叫做$<L\ M>$的度数。记成

$$<L\ M>=<n^\circ>$$

可见$<1>=<90^\circ>$，$<0>=<0^\circ>$。一般地，全角的度数和直角单位数可以相互转化：

$$<n^\circ>=<n/90>, <k>=<90k^\circ>$$

例如：

$$<1/2>=<45^\circ>, <1/3>$$
$$=<30^\circ>, <3/2>$$
$$=<135^\circ>$$

等等。

对于全角，平角是 0 度。通常全角度数小于 180°。有时为了方便，也使用大于或等于 180°的全角度数，但约定$<2>=<0>$，$<180^\circ>=<0^\circ>$。更有$<210^\circ>=<30^\circ>$，$<2.5>=<45^\circ>$等等。

(3)全角的相等

两个全角的度数差是 180°的整数倍时，称它们相等。全角的相等是一种等价关系，满足

反身性：$<L\ M>=<L\ M>$；

对称性：若$<L\ M>=<N\ P>$，则$<N\ P>=<L\ M>$；

传递性：若$<L\ M>=<N\ P>$且$<N\ P>=<Q\ R>$，则$<L\ M>=<Q\ R>$。

(4)举例

因为全角的相等是一个重要而有用的概念，下面列举几个例子说明它的特点

和好处。

［例 3.2］ 设$\triangle ABC$是等腰三角形，$AB=AC$，则

$<AB\ BC>=<BC\ AC>$，$<BC\ AB>=<AC\ BC>$但$<AB\ BC>\neq<AC\ BC>$（如图 3-2）

［例 3.3］ 直线 AB、CD 被第三直线所截，交点分别为 P、Q。则 $AB/\!/CD$ 的充分必要条件是$<AB\ PQ>=<CD\ PQ>$。（如图 3-3）

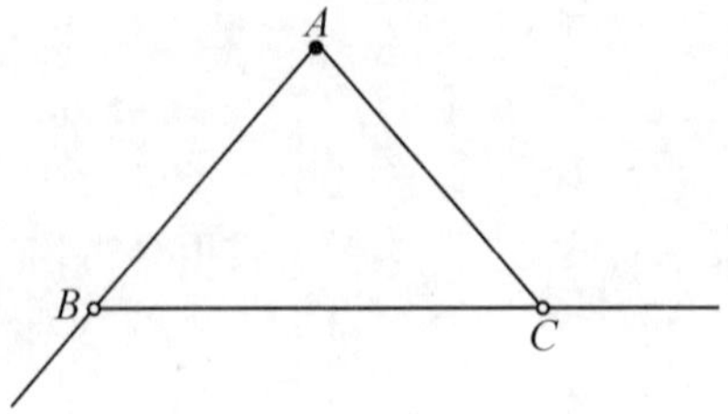

图 3-2

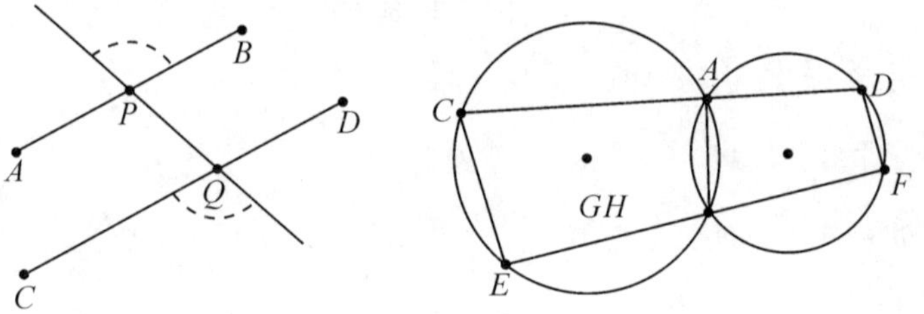

图 3-3

可见，用全角考虑问题，就不必再区分同位角、内错角等多种多样的角了。几何推理因而变得更简单。

［例 3.4］ 不共线的四点 A,B,C,D 共圆的充分必要条件是

$$<AB\ BC>=<AD\ DC>\text{（如图 3-4）}$$

这就给四点共圆的条件一个简明而一般的表述，不再区别“圆周角相等”和“圆周角互补”两种情形了。

从以上几个例子可见，用了全角，一些常见的几何条件的表述变得简单而一般化了。

（5）全角的运算规律

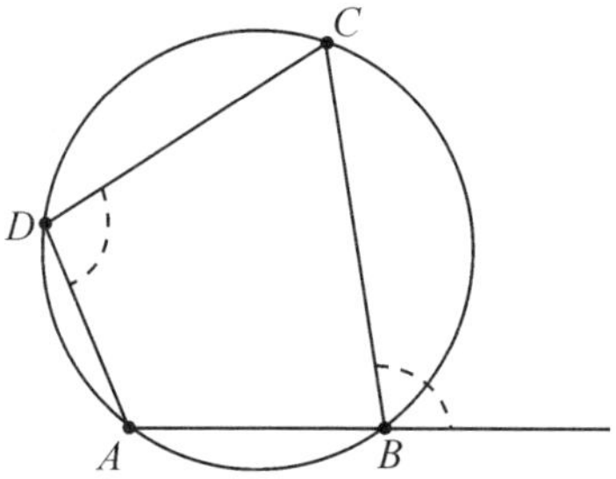

图 3-4

下面，把有关全角的运算规律总结成若干公式，便于应用。这里除了加法的交换律和结合律外，还有

$Q1$.（平角律）当且仅当直线 L 与 M 平行或重合时，有

$$<L\ M>=<0>$$

$Q2$.（直角律）当且仅当直线 L 与 M 垂直时，有

$$<L\ M>=<1>$$

$Q3$.（1-0 律）$<1>+<1>=<0>$

$Q4$.（吸收律）$<L\ M>+<0>=<L\ M>$

$Q5$.（过渡律）$<L\ M>+<M\ N>=<L\ N>$

$Q6$.（代换律）当$<L\ M>=<0>$时，对任一直线 N 有

$$<L\ N>=<M\ N>$$

反之，若对某一直线 N 有$<L\ N>=<M\ N>$，则

$$<M\ L>=<0>。$$

$Q7$.（模 2 律）当 $a+b$ 小于 2 时，有$< a >+< b >=< a+b >$，否则为$<a+b-2>$。

注意

这些运算规律并不是互相独立的。例如，由过渡律和平角律可推出吸收律：

$$<L\ M>+<0>=<L\ M>+<M\ M>=<L\ M>$$

也可以推出代换律：当$<L\ M>=<0>$时，

$\langle MN\rangle=\langle 0\rangle+\langle MN\rangle=\langle LM\rangle+\langle MN\rangle=\langle LN\rangle$

下面的两个例子，显示出用全角解题的特点：

[例 3.5] 两圆交于 A，B 两点。过 A，B 分别作直线与两圆分别交于 C，D，E，F 如图 3-5。

[求证]$CE/\!/DF$

[使用全角的证明] 要证明的是 $\langle CE\ DF\rangle=\langle 0\rangle$。

$\langle CD\ DF\rangle=\langle CE\ BE\rangle+\langle BE\ DF\rangle$（过渡）

$=\langle CA\ BA\rangle+\langle BF\ DF\rangle$

（因 A、B、C、E 共圆，B、E、F 共线）

$=\langle CA\ BA\rangle+\langle BA\ DA\rangle$

（因 A、B、D、F 共圆）

$=\langle CA\ DA\rangle$（过渡）

$=\langle 0\rangle$（因 C，A，D 共线），证毕。

如图 3-5 所示，此题有多种情形，上述全角证明适用于每个情形。如果用传统角，图中每个情形都需要单独地证明。

[例 3.6] **（西姆松定理）**在 $\triangle ABC$ 的外接圆上任取一点 D。自 D 分别向 BC，CA，AB 三边引垂线，垂足顺次为 E，F，G。（图 3-6）

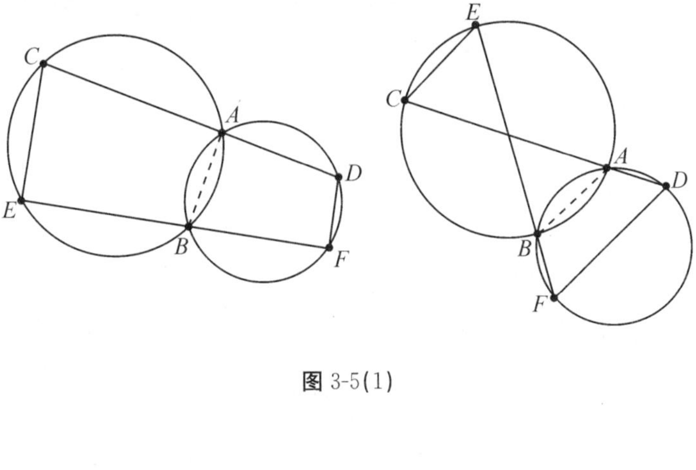

图 3-5(1)

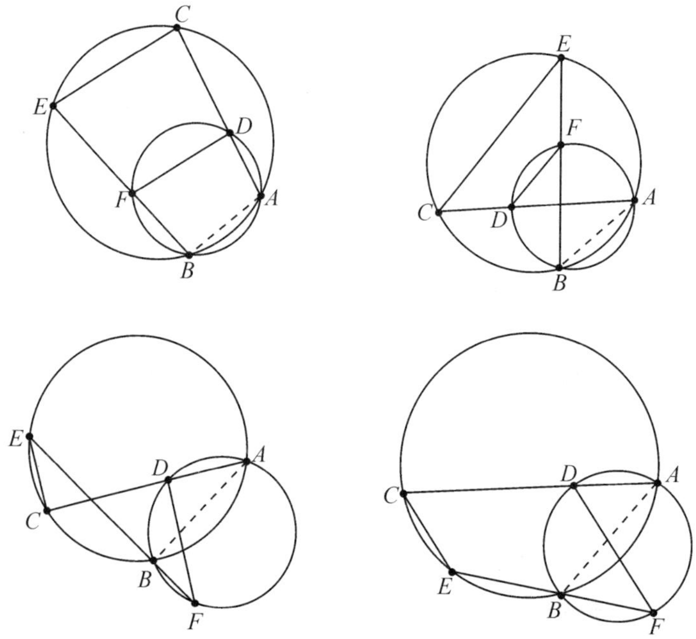

图 3-5(2)

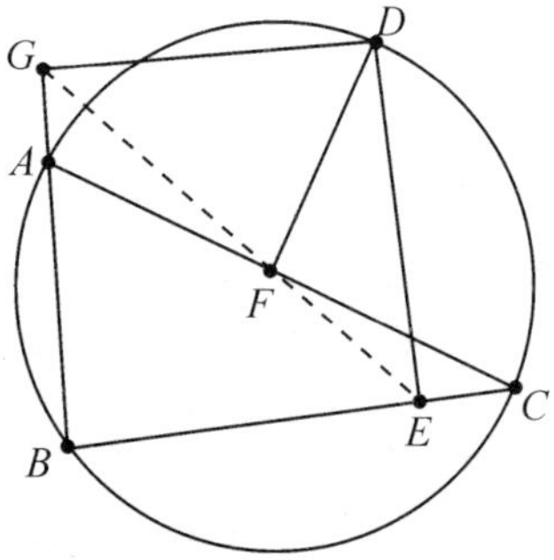

图 3-6

[求证]E,F,G 三点共线。

[使用全角的证明] 除了题设条件 A,B,C,D 四点共圆外,还有:

(1)A,D,G,F 四点共圆(因$\langle AF\ DF\rangle=\langle AG\ DG\rangle=\langle 1\rangle$)

(2)B,D,G,E 四点共圆(因$\langle BE\ DE\rangle=\langle BG\ DG\rangle=\langle 1\rangle$)

(3)C,D,E,F 四点共圆(因$\langle CE\ DE\rangle=\langle CF\ DF\rangle=\langle 1\rangle$)

这些共圆条件是下面推演的基础。要证明的是$\langle EF\ FG\rangle=\langle 0\rangle$。

$<EF\ FG>=<EF\ DF>+<DF\ FG>$（过渡）

$=<EC\ DC>+<DA\ AG>$（(3)、(1)）

$=<BC\ DC>+<DA\ AB>$

（因 B、E、C 共线，A、B、G 共线）

$=<AB\ DA>+<DA\ AB>$

（因 A、B、C、D 四点共圆）

$=<AB\ AB>$（过渡）

$=<0>$（平角律），证毕。

这也是一个不依赖图形的证明。传统证明也有从角度入手的。如图 3-6 所示。

$$\angle ADG+\angle GDC=\angle ADC=180^\circ-\angle B$$

$$\angle CDE+\angle GDC=\angle GDE=180^\circ-\angle B$$

得到$\angle ADG=\angle CDE$。又由共圆条件可得

$$\angle AFG=\angle ADG,\ \angle CFE=\angle CDE$$

从而有$\angle AFG=\angle CFE$，即 E、F、G 三点共线。

这种传统的证明方法严重地依赖于图形。特别是最后一步要假定 G、E 两点在直线 AC 的异侧，否则由$\angle AFG=\angle CFE$ 就推不出 E、F、G 三点共线。可见，用传统的角度，不仅依赖图形，而且颇不严谨。要把这不严谨的漏洞补上，还相当困难。使用全角作几何推理，继承了传统方法简洁优美的长处，克服了它过分依赖图形的短处，值得重视和发展。

3.7 一个几何信息搜索系统运行情形

上述使用全角的算法，曾用 C 语言在 NeXT 工作站上实现，试用于 161 个非平凡的平面几何问题，均在合理的时间内达到不动点，并能解决某些其他方法解决不了的问题。有兴趣的读者可以经过网络用 ftp 免费取得我们的程序，地址是：

emcity. cs. twsu. edu:pub/geometry/software:ge_sun. tar. Z

表 3-1 是我们的几何信息搜索系统(GISS)的运行数据(NeXT 工作站上的 C 语言程序)。

表 3-1　GISS 对 161 个几何问题运行数据

运行时间/秒	得到压缩信息/条	展开了的信息/条
<0.1　30%	<50　16%	<10 000　11%
<1　69%	<100　42%	<50 000　43%
<10　94%	<200　66%	<100 000　59%
<60　98%	<500　91%	<1000 000　95%
<650　100%	<4 021　100%	<5 041 102　100%

* * * * * * * * * * * * * * *

注释

从表 3-1 中可见,在所运行的 161 个问题中,运行时间少于 0.1 秒的占 30%;得到压缩信息少于 50 条的占 16%;得到展开了的信息少于 10 000 条的占 11%;等等。

前推搜索方法一个明显的好处是,无论问题有没有解决,总能得到关于所给图形的丰富的几何信息。用在教育上,有利于教师启发学生的思维,使之开阔眼界,活跃思想。下面是三个颇有典型性的例子:

[**例 3.7**]　在△ABC 中,两条高线 BE,AF 交于 H,直线 CH 交 AB 于 G。搜索几何信息,并检验 $CG\perp AB$(图 3-7)。

此例运行 0.8 秒后达到不动点,共得到几何信息 151(83 076)条。

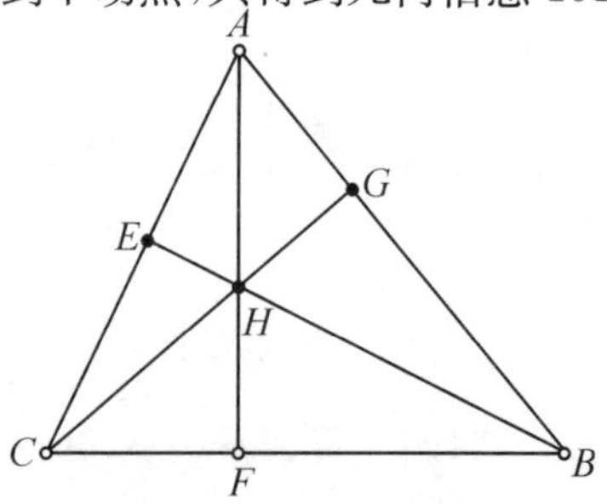

图 3-7

这里 151 条是压缩信息，而 83 076 条是展开后信息的条数（下同）。这些信息中，共线 6(36)条，垂直 3(216)条（含 $CG \perp AB$），共圆 6(144)条，等角 24(55 296)条，相似三角形 7(504)条，等比 105(26 880)条。

例如，涉及线段 HC 的比例关系可以压缩为 10 条信息：

$HC \cdot BE = EC \cdot BA$，

$HC \cdot EA = BA \cdot HE$，

$HC \cdot HG = FH \cdot HA = HE \cdot HB$，

$HC \cdot CG = BC \cdot FC = EC \cdot CA$，

$HC \cdot AF = EF \cdot AC = BA \cdot CF$.

$HC \cdot FB = HB \cdot FE = FH \cdot BA$，

$HC \cdot FG = CF \cdot HB - FH \cdot AC$.

$HC \cdot BG = EC \cdot HB = FH \cdot BC$，

$HC \cdot AG = HE \cdot AC = HA \cdot CF$，

$HC \cdot EG = HE \cdot BC = HA \cdot EC$.

如果几何教师讲相似形和成比例的线段时使用这个例子，让学生分成几个小组比赛在图中找寻比例线段，最后和计算机搜索的结果作比较，那将是一次有趣的教学活动。

[例 3.8] 设 AH 是直角三角形 $\triangle ABC$ 在斜边上的高，S 是 AH 的中点。过 S 作 BC，AC，AB 的平行线分别与 AB，AC 交于 Q，M，与 AB，BC 交于 P，L，与 BC，AC 交于 K，N。搜索几何信息并检验 Q，M，P，L，K，N 六点共圆。（图 3-8）

此例经 461.1 秒达到不动点，得到 1 326(5 041 102)条信息。包括中点 5(10)条，共线 7(132)条，平行 4(584)条，垂直 17(1 224)条，共圆 14(624)条，等角 773(2 182 720)条，相似三角形 28(6 072)条，全等三角形 18(696)条，等长 11(272)条，等比 449(2 848 768)条。其中有所要检验的六点共圆信息。

此例图形并不复杂，但信息量之大是惊人的。

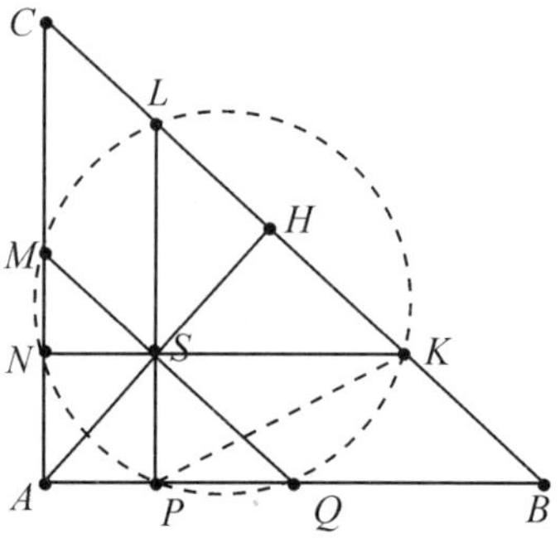

图 3-8

［例 3.9］ 设 P_0, P_1, P_2, P_3, P_4 是三三不共线的五点。分别记连接 P_0 和 P_1，P_1 和 P_2，P_2 和 P_3，P_3 和 P_4，P_4 和 P_0 的五条直线为 L_1, L_2, L_3, L_4, L_0。令 L_0 与 L_2，L_1 与 L_3，L_2 与 L_4，L_3 与 L_0，L_4 与 L_1 分别交于点 Q_0, Q_1, Q_2, Q_3, Q_4。然后分别记由三点 P_0, P_1 和 Q_0，P_1、P_2 和 Q_1，P_2、P_3 和 Q_2，P_3、P_4 和 Q_3，P_4、P_0 和 Q_4 所确定的圆为 C_0, C_1, C_2, C_3, C_4。设圆 C_0 和 C_1，C_1 和 C_2，C_2 和 C_3，C_3 和 C_4，C_4 和 C_0 分别交于不同于 P_1, P_2, P_3, P_4, P_0 的点 M_1, M_2, M_3, M_4, M_0。搜索几何信息并检验 M_1, M_2, M_3, M_4, M_0 五点共圆。(图 3-9)

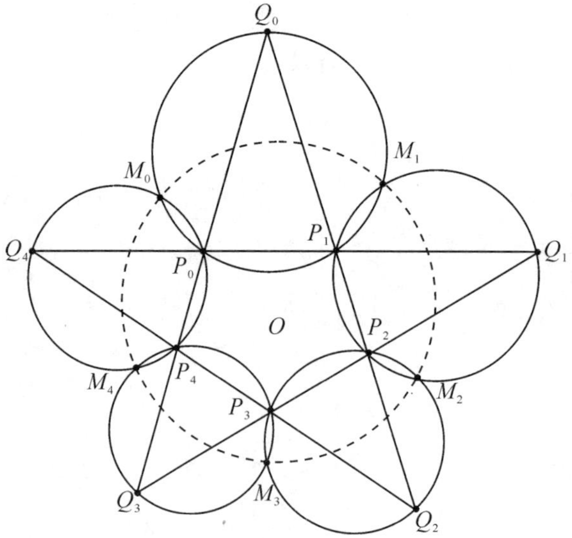

图 3-9

此例运行 3.9 秒达到不动点。得到几何信息共 541(220 680)条。其中，共线 5

(120)条，等角 420(199 680)条，共圆 11(1 320)条，相似三角形 30(360)条，等比 75 (19 200)条。其中果然有 M_1，M_2，M_3，M_4，M_0 这五点共圆。

有趣的是，从所得的信息中还发现了 10 组三线共点，并且这 10 个共线点也都在上述的五点圆上。即这是一个十五点圆！这 10 个共线点分别是由两个 5 组线相交而得。其中 5 组是：

连接 P_2 和 M_2，Q_0 和 M_0，Q_3 和 M_4 的三条线；

连接 P_3 和 M_3，Q_1 和 M_1，Q_4 和 M_0 的三条线；

连接 P_4 和 M_4，Q_2 和 M_2，Q_0 和 M_1 的三条线；

连接 P_0 和 M_0，Q_3 和 M_3，Q_1 和 M_2 的三条线；

连接 P_1 和 M_1，Q_4 和 M_4，Q_2 和 M_3 的三条线。

另 5 组是：

连接 P_1 和 M_0，P_2 和 M_3，Q_1 和 M_4 的三条线；

连接 P_2 和 M_1，P_3 和 M_4，Q_2 和 M_0 的三条线；

连接 P_3 和 M_2，P_4 和 M_0，Q_3 和 M_1 的三条线；

连接 P_4 和 M_3，P_0 和 M_1，Q_4 和 M_2 的三条线；

连接 P_0 和 M_4，P_1 和 M_2，Q_0 和 M_3 的三条线。

读者不妨按图索骥，找一找这 10 个共线点的所在。

四

顺藤摸瓜——解几何问题的消点法

4.1 几何知识的准备

2300 多年前，古希腊的学者欧几里得系统地整理了当时的数学知识，写成了千古流传的名著《几何原本》。这本最古老的几何教科书，它的思想和方法，对科学的发展产生了巨大的影响。2000 多年来，成千上万的人通过学习欧几里得几何受到逻辑推理的训练，领略到数学的魅力，进入了科学的殿堂。

《几何原本》共 13 卷，包含了 465 条命题。

有趣的是，有一条非常基本的重要命题，它没有受到欧几里得时代数学家的注意和重视(之后的 2000 年中也没有得到应有的重视)。如果当初欧几里得或别的数学家重视了它，几何学的历史有可能被改写，几何难学、几何解题无定法的局面就早已改观了。

这是《几何原本》第 6 卷的命题 1：

“等高三角形或平行四边形，它们彼此相比如同它们的底的比。”

这里所谓"它们彼此相比"指的是两个三角形或平行四边形的面积的比。命题中最有用的部分，是现在小学生都知道的事实，我们把它当做一个基本命题：

4.1.1 基本命题

等高三角形的面积比等于底之比(图 4-1)。

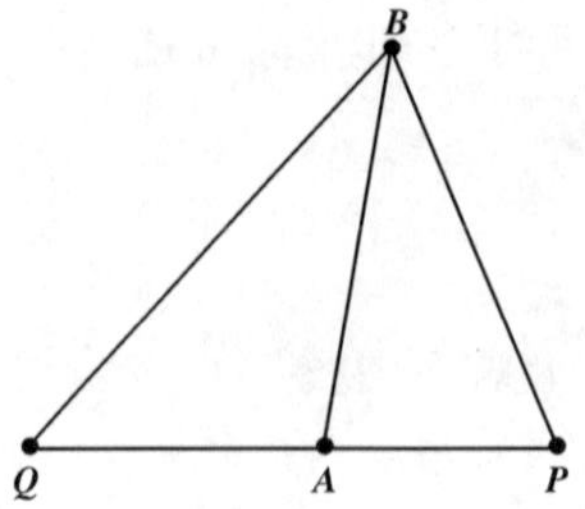

图 4-1

具体地，若 P,A,Q 三点在一直线上，则对任一点 B 有：

$$\frac{\triangle PAB}{\triangle QAB}=\frac{PA}{QA}$$

这里$\triangle XYZ$ 也用来表示三角形 XYZ 的面积。当 X,Y,Z 三点共线时，我们也说 XYZ 是一个三角形，这种三角形叫做退化的三角形。退化的三角形其面积为 0，即$\triangle XYZ=0$。

在《几何原本》里证明上述命题时，除了高的定义和比例的基本性质外，实质上只是用了第 1 卷的命题 38："在等底上且在二平行线之间的三角形是相等的。"

如果他重视这个命题，完全可以把它放在第 1 卷，而没有理由推迟到第 6 卷才启用它。

从基本命题只要再前进一步，就得到了在平面几何中举足轻重的共边定理。这样重要的定理在 2000 年之久的几何研究中居然没有谁对它进行过明确的表述，以至到 20 世纪才被命名，真是奇怪！

4.1.2 共边定理

若直线 PQ 和 AB 交于点 M，则(如图 4-2，有四种情形)

$$\frac{\triangle PAB}{\triangle QAB}=\frac{PM}{QM}$$

20 多年前，我在给一些中学生讲解一道高考数学题时开始认识到这个命题的重要性，并给它命名为**“共边定理”**。那个高考题是：

“设 P 是$\triangle ABC$ 内任一点。直线 AP，BP，CP 分别跟 BC，CA，AB 交于 X、Y、Z 三点(图 4-3)。求证：

$$\frac{PX}{AX}+\frac{PY}{BY}+\frac{PZ}{CZ}=1.”$$

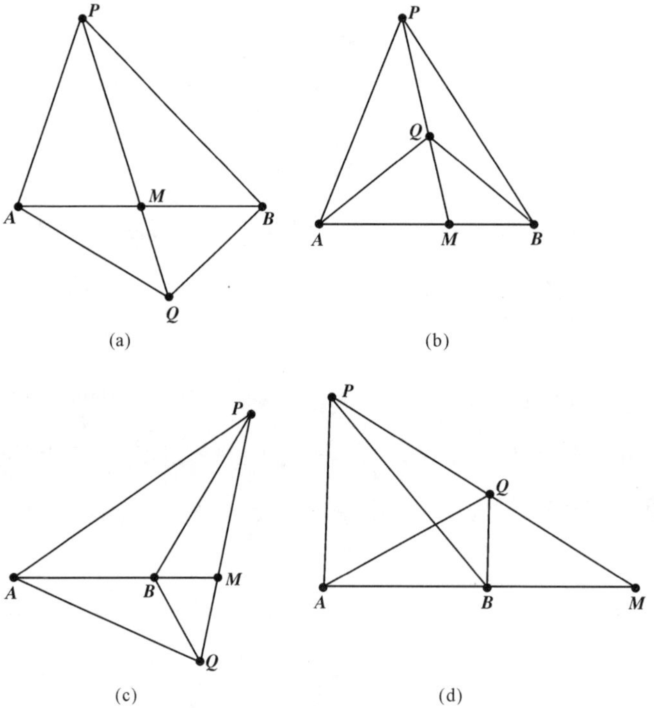

图 4-2

这个题目似乎难以入手。但只要想到用共边定理，写出：

$$\frac{PX}{AX}=\frac{\triangle PBC}{\triangle ABC},$$

$$\frac{PY}{BY}=\frac{\triangle PCA}{\triangle ABC},$$

$$\frac{PZ}{CZ}=\frac{\triangle PAB}{\triangle ABC}$$

三式相加，由$\triangle PBC+\triangle PCA+\triangle PAB=\triangle ABC$，便迎刃而解。

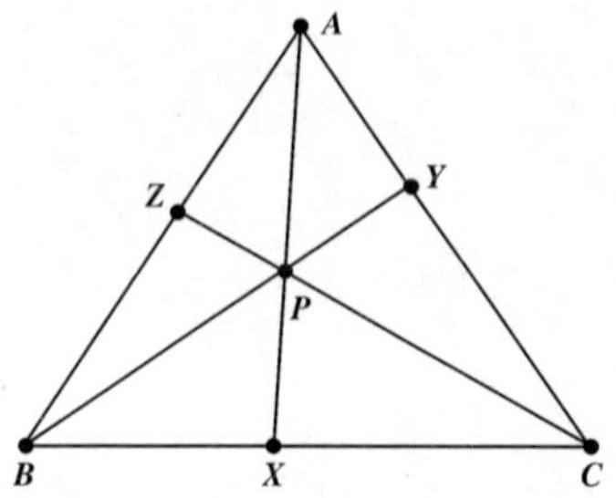

图 4-3

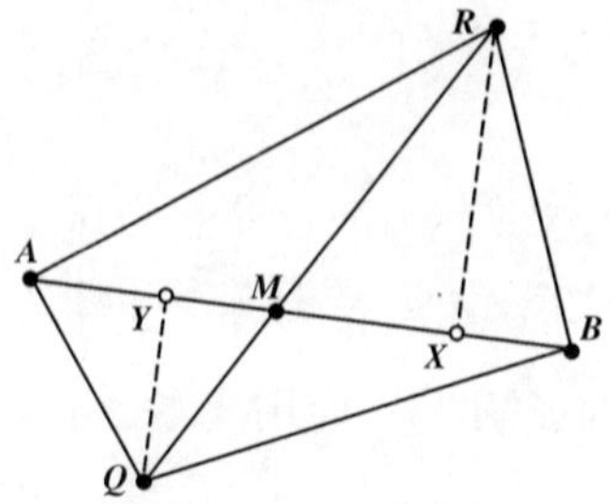

图 4-4

证明共边定理不难。最容易想到的方法是自 P、Q 两点分别向 AB 引垂足 X、Y，即作出$\triangle PAB$ 和$\triangle QAB$ 在 AB 边上的高来(图 4-4)。可以马上看出来，两个直角三角形$\triangle PMX\backsim\triangle QMY$，从而有

$$\frac{PM}{QM}=\frac{PX}{QY}=\frac{\triangle PAB}{\triangle QAB}$$

这里用到了命题“共底三角形面积比等于底之比”。

虽然证明了，但并不令人满意。这是一个非常基本的命题，能不能不用相似三角形，用更基本的知识来证明呢？

不久，我找到了一个不用相似三角形的证明方法：

先用基本命题，可得

$$\frac{\triangle PAM}{\triangle QAM}=\frac{PM}{QM},$$

$$\frac{\triangle PBM}{\triangle QBM}=\frac{PM}{QM}$$

再用分比定理或合比定理就得到

$$\frac{\triangle PAB}{\triangle QAB}=\frac{PM}{QM}$$

能不能不用分比定理或合比定理，由更少的知识推出共边定理呢？几年后，想到一个更简单的办法：

［**共边定理的证明 1**］　在直线 AB 上取一点 N 使得 $MN=AB$，则

$$\frac{\triangle PAB}{\triangle QAB}=\frac{\triangle PMN}{\triangle QMN}=\frac{PM}{QM},$$

证毕。

如果不想添加辅助点 N，还有另一个方法：

［**共边定理的证明 2**］　应用基本命题可得：

$$\frac{\triangle PAB}{\triangle QAB}=\frac{\triangle PAB}{\triangle PAM}\cdot\frac{\triangle PAM}{\triangle QAM}\cdot\frac{\triangle QAM}{\triangle QAB}$$

$$=\frac{AB}{AM}\cdot\frac{PM}{QM}\cdot\frac{AM}{AB}=\frac{PM}{QM}$$

证毕。

共边定理和基本命题的共同点，都是把两个三角形的面积比化成共线线段之比。共边定理中若 B 在直线 PQ 上，就回到了基本命题。所以，它是基本命题的推广。基本命题如图 4-1 中的线段 PQ，AB 的位置变得更一般些，使 A 不在直线 PQ 上，再添上交点 M，就成了共边定理的图形了。这一点改变很重要。欧几里得时代的几何学家，就是没有注意到这一点改变，才失去了这条无比重要的共边定理，也错过了发现平面几何机械化解题方法的机会。

共边定理涉及平面几何构图中最常见的一个步骤：两直线 AB，PQ 交于一点 M。要确定交点 M 的位置，本是一件不容易的事，它相当于解二元一次联立方程组。而共边定理却用两个三角形的面积比简单地表示出 M 在线段 PQ 上的位置。等式右端的 M，在左端不出现了，也就是被消去了。这个事实，在几何问题的机器求解中起了关键的作用。

4.1.3 平行线面积性质

(1)若 P、Q 在直线 AB 的同侧且$\triangle PAB=\triangle QAB$,则 $PQ/\!/AB$。

(2)反之,若 $PQ/\!/AB$,则$\triangle PAB=\triangle QAB$。

[证明]

(1)用反证法,设直线 PQ 与 AB 交于 M。

由于 P,Q 在直线 AB 的同侧,故 M 不在 P,Q 之间,不妨设 Q 在 P,M 之间,即 $PM>QM$。由共边定理得$\triangle PAB/\triangle QAB=PM/QM>1$,这和条件$\triangle PAB=\triangle QAB$ 相矛盾,从而推翻了反证法假设,证明了 $PQ/\!/AB$。

(2)仍用反证法,若$\triangle PAB\neq\triangle QAB$,不妨设$\triangle PAB>\triangle QAB$。

延长 AQ 至 R 使$\triangle PAB=\triangle QAB$,则由条件 $PQ/\!/AB$ 又知 P、R 在 AB 同侧。由(1)得 $PR/\!/AB$,这与平行线的唯一性矛盾,从而推翻了反证法假设,证明了$\triangle PAB=\triangle BQA$。

关于这两个命题的大量应用的例子,有兴趣的读者可参看作者的另一本书[14]。

4.2 一个简单的例子

我们以"平行四边形的对角线互相平分"等两个极简单的命题为例,说明用消点法机械地解几何问题的基本思想。在这两个例子中,机械地生成的证明比起教科书上常见的证明来,更简洁而且更严谨。

平行四边形的对角线互相平分,这是中学几何课里一条常见的定理。通常是用全等三角形来证明的。下面用面积法给出另一个证明。用到的知识只是上节介绍的两条命题。

[例 4.1] 平行四边形 $ABCD$ 对角线 AC 和 BD 交于 M(图 4-5),求证:$AM=MC$。

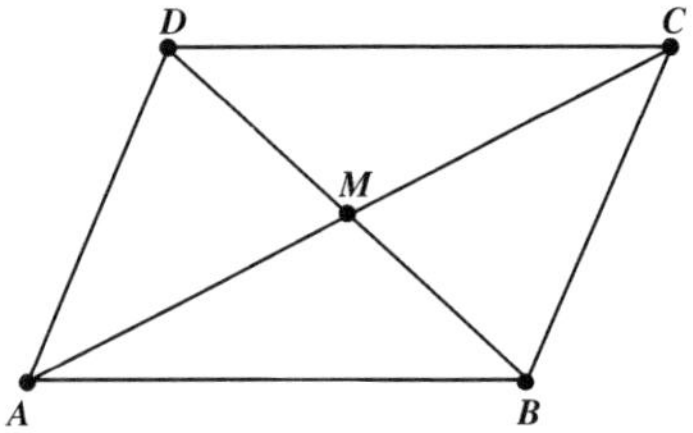

图 4-5

做几何题要先画图。此题的作图步骤是：

(1)任取不共线的三点 A,B,C。

(2)作点 D,使满足 $AD/\!/BC,DC/\!/AB$。

(3)直线 AD、BC 交于点 M。要证明 $AM=MC$,即 $AM/MC=1$。

我们的战略思想是这样的:要证明的等式左端有字母 A,M,C,右端没有字母,只有数字。

如果能用合理的方法,一步一步把这些字母消去,变得只有数字,不就水落石出了吗?

这里字母是表示点的,所以消字母就是消点。

先消哪个点?

点和点之间可能是有依赖关系的。M 依赖于 A,B,C,D;D 又依赖于 A,B,C。而 A,B,C 不依赖别的,是自由点。要消去的点如果依赖别的点,消点时就可能生出它所依赖的点。要是一个点只依赖别人,人家都不依赖它,它一旦被消就会一去不返了。一去不返,才能够一劳永逸。为了一劳永逸,就应当先消依赖者。即在作图过程中后出现的点应当先消去。

循着这一思路,写出下面的证明:

$$\frac{AM}{MC}=\frac{\triangle ABD}{\triangle BCD}\qquad \text{(用共边定理,消 }M\text{)}$$

$$=\frac{\triangle ABC}{\triangle ABC}=1$$

(用平行线性质得 $\triangle ABD=\triangle ABC=\triangle BCD$,消 D)

证毕。

这个证明是最简洁的。因为题目中的每个条件只用了一次，不可能更简单。它比起通常书上用全等三角形的证明要严谨。

注意

用全等三角形来证明时，要用到“平行线被第三条线相截，其内错角相等”这条定理。例如，要证明 $AM=MC$，可先证明$\triangle ABM\cong\triangle CDM$，为此要用到 $AB=CD$ 和$\angle ABM=\angle CDM$、$\angle BAM=\angle DCM$。为证明 $AB=CD$，又要证明$\triangle ABC\cong\triangle CDA$。这可以由 $AC=CA$、$\angle BAC=\angle DCA$ 以及$\angle BCA=\angle DAC$ 推出。证明过程中反复用到了“内错角相等”这条平行线的性质。但是，为什么这些角是内错角，却并没有证明。认真起来，要从题设条件证明这些角是内错角，还真不容易。可见，传统的证明并没有做到真正严谨。

再看一个例子，这是个计算题。

[例 4.2] 设 M 是$\triangle ABC$ 的 AC 边的中点，N 在 AB 边上使 $AN=2NB$。直线 BM 与 NC 交于 P。求线段比 $PM/BP=$？（图 4-6）

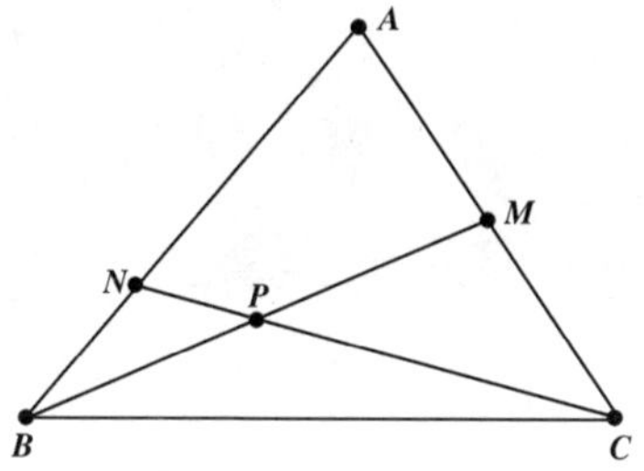

图 4-6

此题的作图过程是：

(1)任取不共线的三点 A,B,C；

(2)在线段 AB 上取分点 N 使 $AN=2BN$；

(3)作 AC 的中点 M；

(4)作直线 BM 与 NC 的交点 P。

目标是计算比值 PM/BP。

用消点法得到的解答如下：

$$\frac{PM}{BP}=\frac{\triangle CMN}{\triangle BCN}\text{(用共边定理,消去点 }P\text{)}$$

$$=\frac{\frac{1}{2}\triangle CAN}{\triangle BCN}$$

$$\left(\text{用基本命题,}\frac{\triangle CMN}{\triangle CAN}=\frac{CM}{CA}=\frac{1}{2}\text{消 }M\right)$$

$$=\frac{2}{2}=1$$

$$\left(\text{用基本命题,}\frac{\triangle CAN}{\triangle BCN}=\frac{AN}{NB}=2\right)$$

这是一个非常简洁的解答。

现在的问题是，这些基于面积法的证明或解答还是人写出来的，不是由机器产生的。如何才能让计算机产生这样的证明呢？

计算机是在程序指挥之下工作的。程序是人根据算法编写的。那么，刚才我们解题的思路，能不能化为算法，编写成程序呢？

4.3 解剖麻雀——建立消点算法

让我们来分析例 4.1 和例 4.2，总结出解几何题的消点法的原理：用构造性的方法输入几何问题的前提；用几何不变量的代数式表达解题的目标；按照与构图顺序相反的次序消去约束点，以达到水落石出。

消点公式的选择，依赖于引进点的构图步骤和点所在的几何不变量的类型。方法有三大要素：**构图步骤、几何不变量、消点公式。**

例 4.1 和例 4.2 虽然简单，却已经包含了用消点法解决几何问题的一般原理。分析这原理，就能建立用计算机解几何问题的消点算法。

要解题先得读题。对计算机来说，读题就是把问题用一定的形式输入。几何问题的输入，有多种多样的方法。在例 4.1 和例 4.2 中，是用构图的方法输入问题的前提条件的。

所谓构图方法，就是列出一系列这样的作图步骤。

初始步骤：给出一些任意点。上节的例子中，都是任取不在一直线上的三点。这样不加条件，互相间也没有确定的依赖关系的点，通常叫做自由点。当然，也可以由一条直线、或一个圆上任取几个点作为初始点。在一直线上或一个圆上任取的点，叫半自由点。

后继步骤：从已作出的几个点出发，用某些约定的作图步骤，构造出新的点。所得到的新点可能是完全确定的，叫约束点，如由已知点连成的两直线的交点；也可能不是完全确定的，叫半自由点，如在已知两点连成的直线上任取一点。前面已经用过的作图步骤有：

（1）从已知两点连一直线，另两点也连一直线，做出两直线的交点。（例 4.1 中作交点 M，例 4.2 中作交点 P）

（2）从已知两点连一直线，再过线外一已知点作此直线的平行线，做出这样两条平行线的交点。（这样做出的点就能满足两个平行条件，如例 4.1 中的点 D）

（3）在已知两点连成的线段上按给定的比值取分点。（如例 4.2 中的线段 AC 的中点 M，线段 AB 的三分点 N）

这样，题目的前提条件都落实在作图过程之中，体现在点的依赖关系上。这种依赖关系是有序的，谁依赖谁是清楚的，为机械化的解题提供了方便。

2000 多年间积累的几何问题，绝大多数属于这种可构图的类型。但也有些题目，很难找到构图的方法。例如，“已知三角形的两条内分角线长度相等，求证这个三角形是等腰三角形”，这个题目的图形能不能用上述有序构图的方法作出，就是一个未见过解答的问题。作者猜想这是不可能的。

题目的前提有了，还要有解题的目标。在前面的两个例子中，一个题目的目标是要求证明一个等式 $AM/MC=1$，另一个是要求计算一个几何量 PM/BP。这里都只涉及“共线线段的比”这一种几何量。在解题过程中，我们还用到了另一种几何量，即三角形的面积。

为了叙述题目，或者说输入题目，用到了两种要素：一是作图步骤，二是几何量。具体地说：

用一系列的作图步骤来表达题目的前提条件；用涉及题图中的点的几何量的代数式来说明题目的目标。

叙述题目和输入题目是为了解题。在前面的两个例子中，解题的思路是消点，通过从解题目标的几何量中消去约束点而达到水落石出。

关键的问题出现了：

第一，能不能保证在各种情形下都把该消的点消掉？

第二，计算机根据什么来选择适当的消点途径？

我们来观察这两个例子中是如何消点的：

在例 4.1 中，先消的是 AC 和 BD 的交点 M，而 M 出现在共线线段比之中。这时正好用共边定理来消它。点 D 是用平行条件引进的，它出现在几何量三角形面积之中，用平行线的面积性质解决了问题。

在例 4.2 中，交点 P 也是出现在几何量共线线段比之中，同样用共边定理完成了消点任务。点 M，N 和前例中的 D 一样出现在几何量三角形面积之中，但 M，N 的引进方式不同，是线段上的定比分点，于是消去的方法也不同了，是用基本命题消去的。这叫做“解铃还须系铃人”。消点的途径依赖于点的历史和现状两个方面：一方面看这个点是怎么来的，即看它是由哪个作图步骤构造出来的；另一方面看这个点目前所处的位置，即看看是要从哪种几何量中消去它。

在上述例子中，我们只用了两种不变量：三角形的面积和共线线段的比。一共用了四种作图步骤：取任意点，作两直线的交点，作满足两个平行条件的点以及在线段上取定比分点。如果限制只用两种几何量和四种作图步骤，至多有八套消点的公式就够用了。实际上，还用不了这么多。例如，消一个自由点的时候，这自由点就不可能出现在共线线段比这种几何量之中。我们的消点顺序是先消约束点，轮到消自由点时，图中已经没有约束点了，哪里还有共线关系？没有共线关系，当然就没有共线线段比了。

现在，把我们的算法从形式上作一个简单的描述。不喜欢这些形式描述的读者可以跳过下面几小节。

4.3.1 描述1:基本对象

考虑一些基本对象。例如，可以只把平面上的点作为基本对象，也可以考虑空间的点或一个圆周上的点，也可以像在《几何原本》中那样，把点和直线都看做基本对象，或同时把点、直线和圆都考虑为基本对象。以下如不特别说明，只把欧氏平面上的点作为基本对象，按习惯用英文大写字母表示点。

4.3.2 描述2:构图步骤

引进问题中的点(基本对象，以下同)的一个具体方法叫做一个构图步骤。无中生有地引进若干个点的构图步骤叫初始构图步骤，由已经引进的点做出新点的构图步骤叫后继构图步骤。每种构图步骤都可以用符号来表示，叫做代号。如：

POINTS，表示任取若干个点。(POINTS A B C)就表示任取三点 A,B,C。这是一种初始构图步骤。

INTER，表示作出直线和直线或直线和圆的交点。例如：

(INTER M (LINE A C)(LINE B D))

就表示 M 是直线 AC 和 BD 的交点。而 A,C,B,D 四个点应当是已知的。

MIDPOINT，表示做出线段的中点。(MIDPOINT M A B)就表示引进的点 M 是已知两点 A,B 连接的线段的中点。

LRATIO，表示取线段的定比分点。(LRATIO P A B r)就表示引进点 P 使满足条件 $AP/AB=r$，这里 r 是一个数或代表数的符号。注意这里 AP,AB 都应当是有向线段，否则 P 点的位置就不能确定了。

符号 POINTS，INTER，LINE，LRATIO 是从英语单词 point(点)、line(线)、

intersection(相交)、ratio(比率)等借来的。你要是不喜欢英语,可以用你认为方便的其他符号,或干脆用汉字。但是,你方便了,计算机处理起来可能就不太方便了。

4.3.3 描述3:构图语句

在4.3.2小节中举出的引进点的表达形式:

(POINTS A B C)

(INTER M (LINE A C) (LINE B D))

(INTER D (PLINE C A B) (PLINE A B C))

(LRATIO P A B r)

都叫做构图语句。其中,(PLINE C A B)表示过 C 而平行于 AB 的直线;(PLINE A B C)表示过 A 而平行于 BC 的直线;D 则是这两条直线的交点。构图语句的一般形式为

(构图步骤代号　新引进对象　有关的已知对象和参数)

为什么不用通常的话来叙述构图过程呢?这是因为计算机还不够聪明,很难理解千变万化的人类语言。想叫计算机帮人做事,就得规定一套死板的符号表达方式。

构图语句是不是一定能实现呢?如果一个构图语句实现不了,后面的语句岂非无的放矢?

构图语句的实现,要有一定的条件。例如,语句

(INTER M (LINE A C) (LINE B D))

要做出直线 AC 和 BD 的交点,就要求 A 和 C 是不同的点,B 和 D 也是不同的点,否则,就不能确定两条直线了。此外,直线 AC 和 BD 要有确定的交点,就不能平行或重合。而语句

(INTER D (PLINE C A B)(PLINE A B C))

则只要求 A,B,C 三点不在一直线上就可以了。这些保证构图语句可以实现的条件,叫做非退化条件。通常这些条件被略而不提。当要求严密推理时,非退化

条件是非讨论不可的。

4.3.4 描述4:几何量

以基本对象为变元(或叫做参数)的若干指定的函数叫做几何量。我们指定三角形的面积△*XYZ*、共线或平行线段比 *PQ*/*AB* 为基本的两个几何量。根据解题的需要,可以引进更多的几何量。

4.3.5 描述5:构造性几何问题

一个构造性几何问题由一系列有限个构图语句和一个解题目标组成。形式为:

(构图语句1 构图语句2 … 构图语句K 解题目标)

这里构图语句1必须是初始构图语句,其他构图语句可以是初始的或后继的。后继语句中出现的对象,除了新引进的对象外,其余的都必须是前面的构图语句所引进过的对象。

解题目标按证明题和计算题的不同分为两类。计算题的解题目标是将一些几何量用代数运算符号连接组成的式子,叫做几何量的代数式。符号 COMPUTE 表示要求计算,形式为:

(CPMPUJTE 几何量的代数式)

证明题的解题目标是一个等式或不等式,其左端是几何量的代数式,右端是一个数。如果是等式,这个几何问题就叫做等式型的几何命题。符号 SHOW 表示要求证明,形式为:

(SHOW 几何量的代数式=数)

上面提到的几何量,其中的变元必须是前面诸构图语句中所引进的对象。

例如,例4.1可表示成下列等式型构造性几何命题:

((POINTS A B C)

(INTER D (PLINE A B C) (PLINE C A B))

(INFER M (LINE A C) (LINE B D))

(SHOW AM/MC=1))

例 4.2 的形式化表示为：

((POINTS A B C)

(LRATIO N B A 1/3)

(MIDPOINT M A C)

(INTER P (LINE B M) (LINE C N))

(COMPUTE PM/BP))

4.3.6 描述 6:消点公式

设点 P 在几何量 $G(.)$ 中出现，而 P 又是由构图语句

(构图步骤代号 Z 新点 P 有关对象 Xs 和参数 Cs)

所引进的。这里 Xs 和 Cs 分别是已知的(即前面的构图语句中所引进过的)若干对象和参数。如果有一个由一些几何量组成的代数式 $F(.)$，其中只出现 $G(.)$ 中 P 之外的对象，以及和在引进 P 时用到的有关对象和参数，满足

$$G(.)=F(.)$$

这个等式，就叫做从几何量 $G(.)$ 中消去由构图步骤 Z 引进的点 P 的消点公式。例如，在例 4.1 和例 4.2 中用到的：

$$\frac{AM}{MC}=\frac{\triangle ABD}{\triangle BCD},\ \frac{PM}{BP}=\frac{\triangle CMN}{\triangle BCN}$$

就是从共线线段比中消去直线交点的公式。而例 4.2 中用到的

$$\triangle CMN=\frac{\triangle CAN}{2}$$

则是从三角形面积中消去定比分点的公式。

总之，消点公式与几何量和构图步骤密切相关。

4.3.7 描述 7:消点算法

传统的几何解题方法，其基本思路是遇到困难就往图上添点什么。添辅助线、

辅助圆或辅助点，以至添上一个坐标系。消点算法的思路恰恰相反，是要从图上去掉点什么。对一个输入了的几何问题：

（构图语句 1　构图语句 2 … 构图语句 k　解题目标）

算法要做的是：

S0. 把输入的几何问题设置为当前问题，解题目标中的代数式设置为当前解答，执行步骤 S1。

S1. 找出当前问题中最后一个构图语句（即构图语句 k）所引进的点，设置为待消点 P，检查点 P 是否在解题目标中出现。出现执行步骤 S2，否则执行步骤 S3。

S2. 逐个找出当前问题的解题目标中的涉及待消点 P 的几何量，从预置的消点公式库中检索出对应的消点公式用于对这些几何量作代换（如找不到对应公式，则算法以失败结束），代换后的新的解题目标中已经不出现待消点 P 了。新解题目标中的代数式连同所用的消点公式（作为注解）加入当前解答的尾部形成新的当前解答，并在当前问题中用新解题目标取代原解题目标，同时将当前问题中最后一个构图语句删除，得到的新问题设置为当前问题。又执行步骤 S1。

S3. 若解题目标中仍有构图语句 1 至构图语句 k－1 中所引进的点，则将删除构图语句 k 后所得到的新问题设置为当前问题，又执行步骤 S1。若解题目标中已经没有诸构图语句中所引进的点，则执行步骤 S4。

S4. 此时消点任务已经完成，算法成功。若为计算题，当前解答即为题解，其最后一项的代数式为计算结果。对于证明题，若计算结果和原解题目标中等式的右端一致，则命题为真。反之命题被否定。

我们的算法已经建立起来了。只要在各种情形下都能找到消点公式，这算法就会成功。

4.4　有向线段和带号面积

前面说了，要使消点法成功，关键是找到消点公式。

为了把消点公式表达得简洁明白，用有向线段和带号面积要比用通常的线段和面积好。

有些好的东西，当我们不习惯的时候，往往体会不到。要分析研究一下，说明了道理，才知道它的好处，才知道不用它几乎不行。在研究几何问题时，用有向线段和带号面积的好处，你要用习惯了才有深的体会。

先说有向线段。

上一节我们提到取定比分点的作图步骤：

(LRATIO P A R r)

意思是在直线 AB 上取一点 P，使得 $AP/AB=r$。当时就顺便提到，这里的线段比 AP/AB，指的是有向线段的比，否则就不能确定点 P 的位置。

比如，想让 P 是 AB 的中点，令参数 $r=1/2$。但仔细一想，有问题，如图 4-7 所示。

图 4-7

图中有两个点 P 和 P'。P 确实是 AB 的中点，它满足 $AP/AB=1/2$。但在 A 的另一侧还有个 P'，它不是 AB 的中点，但也满足 $AP'/AB=1/2$。为了区别 P 和 P'，可以加个说明，说我们要求 P 在 A 和 B 之间，这当然也行，但就比较麻烦。如果规定比值 AP/AB 是有向线段比，则

因为 AP 和 AB 方向一致，比值为正，故 $\boldsymbol{AP}/\boldsymbol{AB}=1/2$；

因为 $\boldsymbol{AP'}$ 和 $\boldsymbol{AB}$ 方向相反，比值为负，故 $\boldsymbol{AP'}/\boldsymbol{AB}=-1/2$。

这就简单地把两个点 P 和 P' 区别开了。

注意，我们说的有向线段比，是两条共线或平行的线段的比。不共线也不平行时，方向的相同和相反就无从说起。要比，只能是长度的比，比值不会有负数。

有向线段的基本运算律是

$$\boldsymbol{AB}=-\boldsymbol{BA}$$

由此可得，若 $AP/AB=1/2$，则有

$\boldsymbol{PA}/\boldsymbol{AB}=-1/2$，$\boldsymbol{PA}/\boldsymbol{BA}=1/2$，$\boldsymbol{AP}/\boldsymbol{BA}=-1/2$，

等等。

为了区别有向线段 AB 和通常的线段 AB，数学中常用的办法是，在 AB 的上面加条横线来表示它是有向线段，或用黑体字表示它是有向线段。

判定两条共线或平行线段 AB 和 CD 的方向是否相同，不仅可以直观地看，也可以严谨地定义。直观地看更方便，这里就不追究定义了。

有向线段的好处，不仅在于用有向线段比能完全确定定比分点，还能用来简洁地表达一些几何事实。例如，若三点 A,B,C 共直线，线段 AB,BC 和 CA 的关系，通常有多种情形：

当 B 在 A,C 之间时，$AB+BC=AC$

当 C 在 A,B 之间时，$AB-BC=AC$

当 A 在 B,C 之间时，$BC-AB=AC$

而使用有向线段表示时，总有 $\boldsymbol{AB}+\boldsymbol{BC}=\boldsymbol{AC}$。这不但简洁，也省去了在推理时对照图形的工作。

计算机看图是件麻烦事。不依赖图形的推理，特别有利于用计算机解几何问题。

回过头来说消点。设 P 是用定比分点作图(LRATOP A B r)引进的点。若 Q 也是 AB 上的点而 MN 是直线 AB 上的线段或平行于 AB 的线段，如何从有向线段比 $\boldsymbol{PQ}/\boldsymbol{MN}$ 中消去点 P 呢？

用通常的线段表示，要结合图形讨论许多情形才能把消点公式写完全。用有向线段表示，问题不依赖图形，大大简化：

$$\frac{\overline{PQ}}{\overline{MN}}=\frac{\overline{PA}+\overline{AQ}}{\overline{MN}}=\frac{\overline{PA}}{\overline{MN}}+\frac{\overline{AQ}}{\overline{MN}}$$

$$=\frac{\overline{PA}}{\overline{AB}}\cdot\frac{\overline{AB}}{\overline{MN}}+\frac{\overline{AQ}}{\overline{MN}}$$

$$=r\left(\frac{\overline{AB}}{\overline{MN}}\right)+\frac{\overline{AQ}}{\overline{MN}}$$

这就消去了点 P。于是得到一个消点公式 RL。

4.4.1 消点公式 RL：从共线或平行线段比中消去定比分点

设 P 在直线 AB 上且满足 $\boldsymbol{AP}=r\boldsymbol{AB}$。$Q$ 在直线 AB 上，MN 与 AB 共线或平行。则：

$$\frac{\overline{PQ}}{\overline{MN}}=r\left(\frac{\overline{AB}}{\overline{MN}}\right)+\frac{\overline{AQ}}{\overline{MN}}$$

我们给这个消点公式起个名字 RL。R 表示是从线段比中消点，L 表示所消的点是直线上取的定比分点。

下面来说带号面积。

简单多边形(即边界不和自己相交的多边形)的带号面积，就是通常的面积添上正号或负号。通常直观地约定，是正是负依照边界的走向而定：如果指定的边界走向是逆时针方向，面积为正；反之，顺时针方向面积为负。至于边界的走向，可以在图上用箭头表示，也可以用顶点的排列顺序表示。如图 4-8 所示。

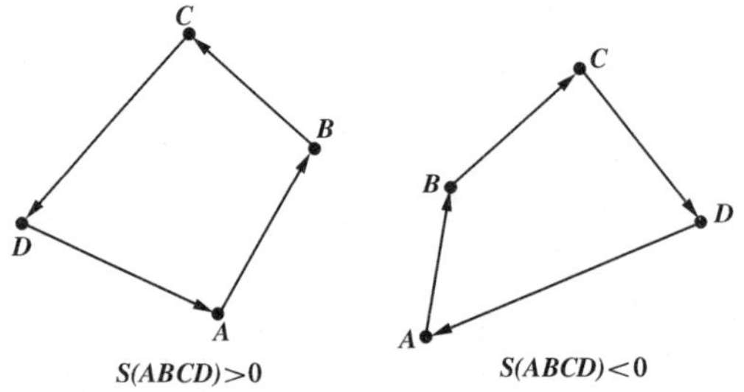

图 4-8

在本书中，带号面积用黑体字表示，或在面积符号 S 上方加横线表示。例如 $\triangle ABC$ 带号面积为 $\overline{S}_{ABC}$，四边形 $ABCD$ 带号面积为 $\overline{S}_{ABCD}$。

带号面积的好处，和有向线段类似，在于它可以用更简洁的方式来描述一些几何事实。例如，下面的三句话：

(1)若 P 在线段 BC 上，则$\triangle ABC=\triangle ABP+\triangle APC$

(2)若 P 在 BC 的延长线上，则$\triangle ABC=\triangle ABP-\triangle ACP$

(3)若 P 在 CB 的延长线上,则$\triangle ABC=\triangle APC-\triangle ABP$

这么平常的事,要说上好几句。如果用带号面积,就能并成一句:

(4)若 P 在直线 BC 上,则有$\triangle \boldsymbol{ABC}=\triangle \boldsymbol{ABP}+\triangle \boldsymbol{APC}$

图 4-9 清楚地表明了上面这个等式的含义。

注意,当 P 在线段 BC 上时,$\triangle \boldsymbol{ABP}$ 和$\triangle \boldsymbol{APC}$ 同号,(4)成为(1);若 P 在 BC 的延长线上,$\triangle \boldsymbol{ABP}$ 与$\triangle \boldsymbol{ABC}$ 同号而与$\triangle \boldsymbol{APC}$ 反号,(4)成为(2);当 P 在 CB 的延长线上时,$\triangle \boldsymbol{ABC}$ 与$\triangle \boldsymbol{ACP}$ 同号而与$\triangle \boldsymbol{ABP}$ 反号,(4)又成了(3)。你看,一个简单的等式就包含了这样丰富的信息。

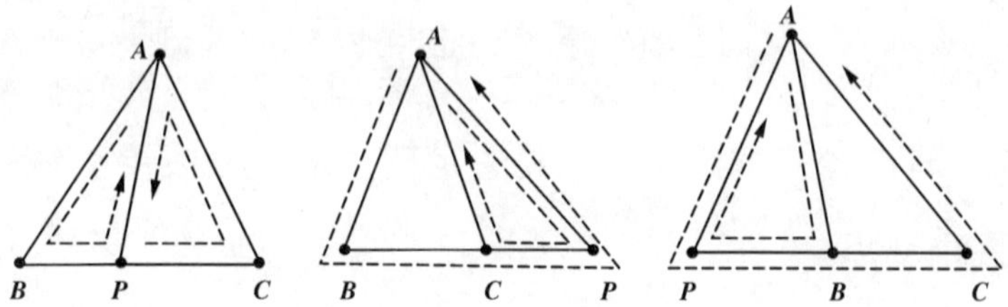

图 4-9

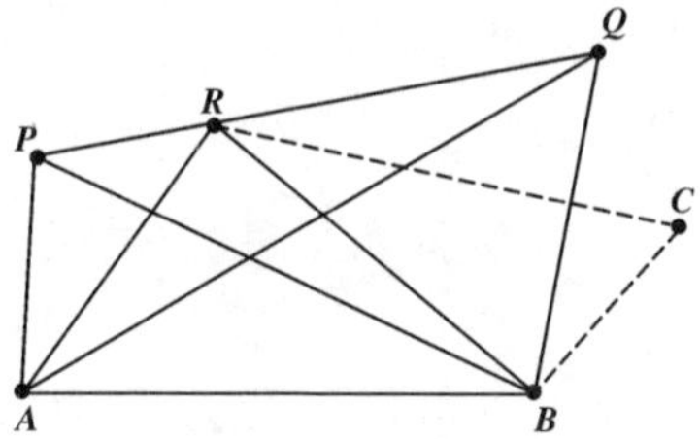

图 4-10

再看图 4-10。左边表示凸四边形的面积是两个三角形的面积和,右边表示凹四边形面积是两个三角形面积差。用了带号面积,这两种情形可以统一表示成一个等式:

$$\overline{S}_{ABCD}=\triangle \boldsymbol{ABD}+\triangle \boldsymbol{BCD}$$

其中的道理,一分析便清楚,不再赘述。

三角形的带号面积,满足下面的运算规律:

$$\triangle ABC=-\triangle ACB=\triangle CAB=-\triangle CRA$$
$$=\triangle BCA=-\triangle CBA$$

而对平面上的任意四个点 A,B,C,D,则有:

$$\triangle ABC+\triangle ACD=\triangle ABD+\triangle BCD$$

上述等式的两端恰好是四边形 $ABCD$ 的带号面积,即

$$\overline{S}_{ABCD}=\triangle ABC+\triangle ACD=\triangle ABD+\triangle BCD$$

这又是带号面积的方便之处。如果不用带号面积,上面四个三角形面积之间的关系,随四点相对位置的不同,会出现多种情形。

有了有向线段和带号面积的概念,可以把共边定理推广到更一般的情形:

4.4.2 消点公式 RLL(一般共边定理):从共线或平行线段比中消去直线交点

若直线 PQ 与 AB 交于 R,则

$$\frac{\overline{PR}}{\overline{QR}}=\frac{\overline{S}_{PAB}}{\overline{S}_{QAB}}\quad 并且\quad \frac{\overline{PR}}{\overline{PQ}}=\frac{\overline{S}_{PAB}}{\overline{S}_{PAQB}}$$

前面介绍了消点公式 RL,即从(共线或平行的,下同)线段比中消去定比分点的公式。有了带号面积的概念,就可以建立 4.4.3 小节中的又一个消点公式。

4.4.3 消点公式 SL:从三角形面积或四边形面积中消去定比分点

设 R 是直线 PQ 上的点,$PR=rPQ$,则对平面上的任意三点 A,B,C 有如下等式(图 4-11):

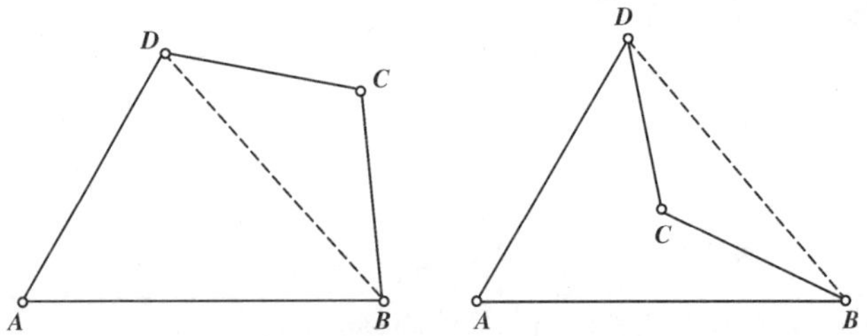

图 4-11

(1)$\triangle \boldsymbol{RAB}=\boldsymbol{r}\triangle \boldsymbol{QAB}+(1-\boldsymbol{r})\triangle \boldsymbol{PAB}$

(2)$\overline{S}_{RABC}=r\overline{S}_{QABC}+(1-r)\overline{S}_{PABC}$

［证明］ 这里先证明结论(1)。再把四边形面积分成两个三角形面积的和，由(1)推出结论(2)是很容易的。

我们的推导并不依赖于图，不过对照图来看更容易明白些。如图 4-11 所示，设四边形 $ABQP$ 的面积(带号面积，下同)为 S，则

$$\triangle \boldsymbol{RAB}=S-\triangle \boldsymbol{RPA}-\triangle \boldsymbol{RBQ}=S-r\triangle \boldsymbol{QPA}-(1-r)\triangle \boldsymbol{QPB},$$

将$\triangle \boldsymbol{QPA}=S-\triangle \boldsymbol{QAB}$，$\triangle \boldsymbol{QPB}=S-\triangle \boldsymbol{PAB}$ 代入上式即得结论(1)。再由之推出结论(2)。

应当特别指出，如果 $PQ/\!/AB$，则立刻得到

$$\triangle \boldsymbol{RAB}=\triangle \boldsymbol{PAB}=\triangle \boldsymbol{QAB}$$

就更简便地消去了点 R。

这两个消点公式(RL 和 SL)是最基本的消点公式。只要能确定一个点分已知两点所成线段的比，就能使用它们来消点。由此可以推出其他的消点公式。

下面的例子说明消点法 RLL 和 SL 的应用。

4.4.4 高斯定理

设 A,B,C,D 是平面上任意四点。M 是 DB 的中点，N 是 AC 的中点。直线 BC 与 AD 交于 X，直线 AB 与 CD 交于 Y，直线 XY 与 MN 交于 P，则 P 是 XY 的中点(图 4-12)。

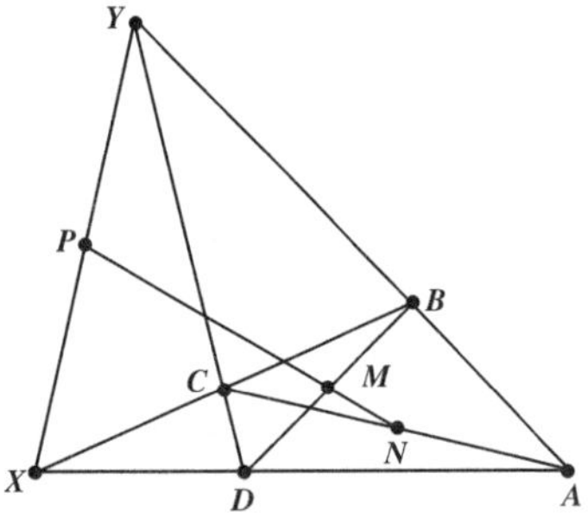

图 4-12

［证明］ 要证明的结论可以写成

$$\boldsymbol{XP}/\boldsymbol{PY}=1$$

的形式。因为 P 是 XY 和 MN 的交点，故用消点法 RLL(即 4.4.2 小节中共边定理)消去点 P

(1)$\dfrac{\overline{XP}}{\overline{PY}}=\dfrac{\overline{S}_{XMN}}{\overline{S}_{YNM}}$

因 M,N 分别是线段 DB 和 AC 的中点，属于定比分点之列，故用消点法 SL(4.4.3 小节)先消去 M 得：

$$(2)\overline{S}_{XMN}=\frac{\overline{S}_{XDN}+\overline{S}_{XBN}}{2}$$

$$(3)\overline{S}_{YNM}=\frac{\overline{S}_{YND}+\overline{S}_{YNB}}{2}$$

再用 RLL 消去 N，注意 X 在直线 BC，AD 上，$\triangle \boldsymbol{XDA}=\triangle \boldsymbol{XBC}=\mathbf{0}$；$Y$ 在直线 AB，CD 上，$\triangle \boldsymbol{YAB}=\triangle \boldsymbol{YCD}=0$，得到：

$$(4)\overline{S}_{XDN}=\frac{\overline{S}_{XDA}+\overline{S}_{XDC}}{2}=\frac{\overline{S}_{XDC}}{2}$$

$$(5)\overline{S}_{XBN}=\frac{\overline{S}_{XBA}+\overline{S}_{XBC}}{2}=\frac{\overline{S}_{XBA}}{2}$$

$$(6)\overline{S}_{YND}=\frac{\overline{S}_{YAD}+\overline{S}_{YCD}}{2}=\frac{\overline{S}_{YAD}}{2}$$

$$(7)\overline{S}_{YNB}=\frac{\overline{S}_{YAB}+\overline{S}_{YCB}}{2}=\frac{\overline{S}_{YCB}}{2}$$

将上列(4)(5)(6)(7)式代入(2)(3)式后，再代入(1)式，得到

$$(8)\frac{\overline{XP}}{\overline{PY}}=\frac{\overline{S}_{XDC}+\overline{S}_{XBA}}{\overline{S}_{YAD}+\overline{S}_{YCB}}=\frac{\overline{S}_{BADC}}{\overline{S}_{ADCB}}=1$$

证毕。

提示

上面的最后一步是对照图形看出来的。如果严谨地写出来，有：

$\triangle \boldsymbol{XBA}=\triangle \boldsymbol{XBD}+\triangle \boldsymbol{BAD}$　　（因 X,D,A 共线）

$\triangle \boldsymbol{XDC}=\triangle \boldsymbol{XDB}-\triangle \boldsymbol{BCD}$　　（因 X,C,B 共线）

两式相加得

$$\triangle \boldsymbol{XBA}+\triangle \boldsymbol{XDC}=\triangle \boldsymbol{BAD}-\triangle \boldsymbol{BCD}$$

$$=\triangle \boldsymbol{BAD}+\triangle \boldsymbol{BDC}=\overline{S}_{BADC}$$

类似地可以化简($\triangle \boldsymbol{YAD}+\triangle \boldsymbol{YCB}$)。

如果嫌这样不是机械地推导，也可以用消点法来做。由于 X,Y 都是直线交点，从三角形面积中消去直线交点的消点法应当叫做 SLL，而这个 SLL 前面还未建立。把 RLL 和 SL 联合起来，马上得到 4.4.5 小节中要介绍的 SLL。

4.4.5 消点公式 SLL：从三角形面积或四边形面积中消去直线交点

设 R 是直线 XY 和 PQ 的交点，则对同平面上的点 A、B、C 有：

(1) $\overline{S}_{RAB}=\dfrac{\overline{S}_{PXY}\cdot\overline{S}_{QAB}+\overline{S}_{QYX}\cdot\overline{S}_{PAB}}{\overline{S}_{PXQY}}$

(2) $\overline{S}_{RABC}=\dfrac{\overline{S}_{PXY}\cdot\overline{S}_{QABC}+\overline{S}_{QYX}\cdot\overline{S}_{PABC}}{\overline{S}_{PXQY}}$

［证明］ 因为四边形可以分成三角形，故只要推导(1)即可。设有

$$\boldsymbol{PR}=r\boldsymbol{PQ}$$

由消点公式 RL 有

$$\triangle \boldsymbol{RAB}=r\triangle\boldsymbol{QAB}+(1-r)\triangle\boldsymbol{PAB}$$

再由消点公式 RLL 得 $r=\dfrac{\overline{PR}}{\overline{PQ}}=\dfrac{\overline{S}_{PXY}}{\overline{S}_{PXQY}}$，结合 $\overline{S}_{PXY}+\overline{S}_{QXY}=\overline{S}_{PXQY}$ 代入前式，即得(1)。

注释

有了消点公式 SLL，就可以用机械的方法推导 4.4.4 小节的证明中最后一步了。题中 X 是 BC 和 AD 的交点，记 $S=\overline{S}_{ABDC}$，用 SLL 得：

$$\overline{S}_{XBA}=\frac{\overline{S}_{ABC}\cdot\overline{S}_{DBA}+\overline{S}_{DCB}\cdot\overline{S}_{ABA}}{\overline{S}}=\frac{\overline{S}_{ABC}\cdot\overline{S}_{DBA}}{\overline{S}}$$

$$=\frac{(\overline{S}-\overline{S}_{DCB})\overline{S}_{DBA}}{\overline{S}}=\overline{S}_{DBA}-\frac{\overline{S}_{DCB}\cdot\overline{S}_{DBA}}{\overline{S}}$$

$$\overline{S}_{XDC}=\frac{\overline{S}_{ABC}\cdot\overline{S}_{DDC}+\overline{S}_{DCB}\cdot\overline{S}_{ADC}}{\overline{S}}=\frac{\overline{S}_{DCB}\cdot\overline{S}_{ADC}}{\overline{S}}$$

$$=\frac{(\overline{S}-\overline{S}_{BDA})\overline{S}_{DCB}}{\overline{S}}=\overline{S}_{DCB}-\frac{\overline{S}_{DCB}\cdot\overline{S}_{BDA}}{\overline{S}}$$

从而得$\triangle \boldsymbol{XBA}+\triangle \boldsymbol{XDC}=\triangle \boldsymbol{DBA}+\triangle \boldsymbol{DCB}=\overline{S}_{BADC}$。

有些一眼看出来的事实，推导时却颇费周折，可见人的直观在解决问题时的重要作用。反过来，也说明了建立计算机解题算法是一项艰辛的研究工作。

在编写用计算机解题的程序时，不妨吸取人的技巧。例如，从面积$\triangle \boldsymbol{XBA}$中消去点$X$时，可以让计算机先检查在整个表达式中有没有另外一项也含点X的面积表达式T，使得T与$\triangle \boldsymbol{XBA}$的和恰好是一块与$X$无关的面积。如果运气好，找到了这种和$\triangle \boldsymbol{XBA}$相匹配的$T$，就可一举消去两项中的$X$，使过程大为简化。例如，下面几种情形：

(1)若X,B,C共线，则$\triangle \boldsymbol{ABX}+\triangle \boldsymbol{XCA}=\triangle \boldsymbol{ABC}$

(2)若X,B,C共线，则$\triangle \boldsymbol{ABX}+\overline{S}_{XCPA}=\overline{S}_{ABCP}$

(3)若X是BC,AP交点，则$\triangle \boldsymbol{ABX}+\triangle \boldsymbol{CPX}=\overline{S}_{ABCP}$

在使用消点公式前先检查有可能简化推理的特款，非常必要。

至此。我们在本节建立了四个消点公式：RL，SL，RLL和SLL。字母R或S分别表示从线段比或面积中消点，L或LL则分别表示所消的点是定比分点(包括在直线上任取的点)或两直线交点。下面说明，这4个消点公式已经能解决相当大的一类平面几何问题。

4.5 希尔伯特交点类问题

欧几里得的《几何原本》是几何学的开山经典。但由于当时人类认识水平的限制，《几何原本》在逻辑推理的严谨性方面还是有所欠缺的。2000年来，数学家们花了不少心血来弥补这最古老的数学体系上的漏洞。直到19世纪，德国数学家希尔伯特提出了相当完整和严谨的几何公理体系，使这个故事得以圆满结束。

希尔伯特在其名著《几何基础》中，不但用他提出的公理体系使古老的几何学终于有了严谨的基础，而且提出了关于一类几何命题的机械化判定方法。在这个意义上，这本书真称得上是几何学的继往开来之作。

在《几何基础》第六章的末尾，希尔伯特证明了一条针对一类几何命题的定理。这定理的原叙述是

“设一种平面几何，其中公理Ⅰ1～3，Ⅱ，Ⅳ都满足，而且帕斯卡定理正确，则这种几何中的每一条纯粹的交点定理，都可以通过作适当的辅助点和辅助直线表为有限个帕斯卡构形的组合。”

这段叙述大概需要说明。

首先，“公理Ⅰ1～3”指希尔伯特的几何公理系统中平面上的第Ⅰ类关联公理，“Ⅱ”指第Ⅱ类次序公理，“Ⅳ”指狭义的第Ⅳ类平行公理。这些公理的具体内容，大可以不管，反正在我们通常讨论的几何里，即欧几里得几何里，这些公理都是成立的。

所谓帕斯卡定理，是指欧氏几何中这条著名的定理：“设三点 A,B,C 在一直线上，X,Y,Z 在另一直线上。如果 $AY/\!/XB,BZ/\!/YC$，则 $AZ/\!/XC$。”

所谓帕斯卡构形，是指相当于帕斯卡定理内容的一个图形。

所谓纯粹的交点定理，是指定理中只含有关于点和直线的位置关联及关于直线平行性的叙述，而不用其他关系（如垂直、等角、等长等度量关系）。

如果你看了上面这一番说明还是不明白，干脆这样理解希尔伯特的这条定理好了：“有一套机械的方法，可以判定前提和结论只涉及点和直线的关联性质（点是否在直线上，直线是否通过点，两直线是否相交）的平面几何命题的真假。这方法的具体实施，是通过添加辅助点和辅助线把命题的图形分解成若干个帕斯卡构形。”

希尔伯特自己并没有意识到这就是一类几何定理证明机械化的算法。后来许多读者也没有注意到这个重要的进展。第一个指出这是一条最早的证明机械化定理的，是我国数学家吴文俊院士。

但是,希尔伯特的方法其实是很笨的。既要添加辅助的点和线,又要进行帕斯卡构形的分解。这只不过是理论上成立的方法。就是希尔伯特本人也没有用例子说明,他用自己的方法证明过什么定理。

与希尔伯特的方法不同,用消点法能轻松解决希尔伯特交点类命题的判定问题。而且是切实可行的。

用构图的方法叙述交点类命题,要用到的基本作图语句并不多。前面我们已经用过的作图语句(参看 4.3.3 小节) 有如下述。

4.5.1 希尔伯特交点类几何命题作图语句

C1 (POINTS A B C)

C2 (LRATIO P A B r)

C3 (INTER M (LINE A C) (LINE B D))

C4 (INTER D (PLINE C A B) (PLINE A B C))

这里包括了取平面上的任意点(POINTS),取已知直线 AB 上的定比分点(LRATIO)或任意点(当定比分点的比值是符号参数时,就得到了直线上的任意点),以及作出两直线的交点(INTER)。我们已经用过的直线的交点涉及两类直线:由已知两点确定的直线(LINE A B)和由已知三点确定的平行线(PLINE A B C)。其实,从理论上讲,只考虑由两点确定的直线也就够了。这是因为,要想作过 A 平行于 BC 的直线,可以分解为下列两个步骤:

取 AB 的中点 P,即(LRATIO P A B 1/2);

延长 CP 至 Q 使 $QP=PC$,即(LRATIO Q C P 2)。

由 Q 的作图过程可得

$\triangle \boldsymbol{QBC}=2\triangle \boldsymbol{PBC}=2(\triangle \boldsymbol{ABC}/2)=\triangle \boldsymbol{ABC}$

这说明 $AQ /\!/ BC$。

由此可见,用构图方法叙述希尔伯特交点类命题,只要有上面的 C1、C2、C3 三种作图步骤就够了。事实上,因为作图步骤 C2 中的比值 r 可以是具体的数值,这三种作图步骤结合两种不变量——带号面积和(共线或平行的,下同)线段比,所能叙述的命题大大超出了希尔伯特交点类命题的范围。

三种作图步骤结合两种几何不变量,最多有六组消点公式就够了。

上节我们已经建立了四组消点公式:RL,SL,RLL 和 SLL,还缺少消去自由点(即平面上任取的点)的办法。

当图形中只剩下自由点的时候,这些自由点之间不可能有什么共线或平行关系。所以仅由自由点不可能组成共线或平行的线段比这种几何不变量。只需要找出从三角形面积中消去自由点的公式。

如果自由点不多于三个,只能组成一个三角形,把此三角形的面积设为参数,问题就解决了。

当自由点多于三个时,任取三点作为基点。不妨说这三点就是 A,B,C 吧。记 $S=\triangle \boldsymbol{ABC}$,则对平面上任一点 P,有

$$\triangle \boldsymbol{PBC}+\triangle \boldsymbol{PCA}+\triangle \boldsymbol{PAB}=S$$

称这三个面积

$$S_1=\triangle \boldsymbol{PBC},S_2=\triangle \boldsymbol{PCA},S_3=\triangle \boldsymbol{PAB}$$

为点 P 关于基点$\triangle ABC$ 的面积坐标。反之,任意三个和为 S 的实数的有序组(X,Y,Z)可以唯一地确定一个点 Q,使得 Q 的面积坐标恰好是(X,Y,Z)。由于三个坐标分量和为定值 S,故其中只有两个是独立参数。也就是说,平面上的每个自由点都可以用两个独立参数来描述。

特别地,A,B,C 三点的面积坐标分别是$(S,0,0)$、$(0,S,0)$和$(0,0,S)$。

这和直线上的任意点类似。前面说过,直线 AB 上的任意点 P 可以用一个参数 $r=\boldsymbol{AP}/\boldsymbol{AB}$ 来描述。

有了面积坐标,就可以表述从面积中消去自由点的公式了。用 D 表示在平面上任取一点,这个公式名为 SD。

4.5.2 消点公式 SD:从三角形或四边形面积中消去自由点

设基点$\triangle PQR$ 面积为 S,点 X 关于基点三角形的面积坐标为(u,v,w),则

(1) $\overline{S}_{XAB}=\dfrac{u\overline{S}_{PAB}+v\overline{S}_{QAB}+w\overline{S}_{RAB}}{S}$

(2) $\overline{S}_{XABC}=\dfrac{u\overline{S}_{PABC}+v\overline{S}_{QABC}+w\overline{S}_{RABC}}{S}$

这公式可由面积坐标的概念结合消点公式 SL 推出，证明略去。在实际应用中，往往在开始消去自由点之前问题已经解决，使用消点公式 SD 的机会是很少的。

希尔伯特交点类命题涉及的作图步骤不多，但内容依然是丰富多彩的。它包括了不少有名的定理。下面仅举几个使用消点法的例子。

[**例 4.3**] (**射影几何的基本原理**) $ABCD$ 是平面上的任意四边形。直线 AD，BC 交于 K，AB 和 CD 交于 L，KL 和 BD 交于 F，KL 和 AC 交于 G。则：

$$\frac{KF}{LF}=\frac{KG}{LG}$$ (见图 4-13)

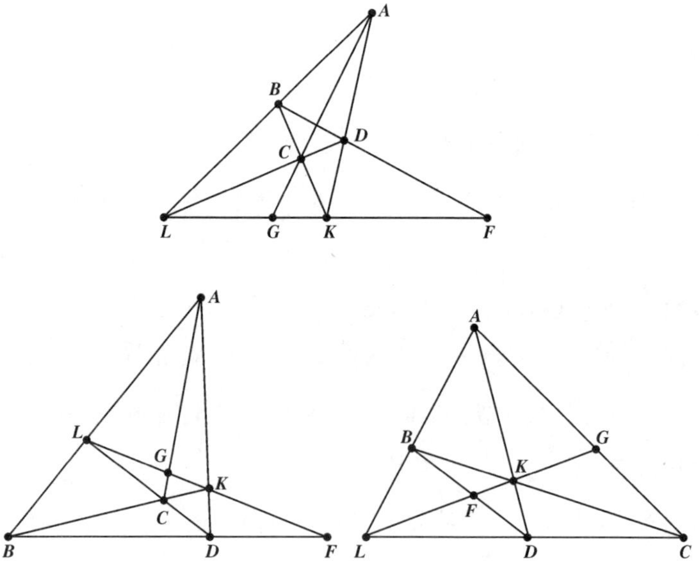

图 4-13

[**证明**] 只要证明 $\dfrac{\overline{KF}}{\overline{LF}}\cdot\dfrac{\overline{LG}}{\overline{KG}}$ 的绝对值为 1 即可。以下是消点过程：

(1)$\dfrac{\overline{KF}}{\overline{LF}}\cdot\dfrac{\overline{LG}}{\overline{KG}}=\dfrac{\overline{S}_{KBD}}{\overline{S}_{LBD}}\cdot\dfrac{\overline{S}_{LAC}}{\overline{S}_{KAC}}$

(用 RLL 消去 F,G)

(2)$\overline{S}_{KBD}=\dfrac{\overline{KD}}{\overline{AD}}\cdot\overline{S}_{ABD}=\dfrac{\overline{S}_{BDC}\cdot\overline{S}_{ABD}}{\overline{S}_{ABDC}}$

$\overline{S}_{KAC}=\dfrac{\overline{AK}}{\overline{AD}}\cdot\overline{S}_{ACD}=\dfrac{\overline{S}_{ABC}\cdot\overline{S}_{ACD}}{\overline{S}_{ABDC}}$

$\overline{S}_{LBD}=\dfrac{\overline{LB}}{\overline{AB}}\cdot\overline{S}_{ABD}=\dfrac{\overline{S}_{BDC}\cdot\overline{S}_{ABD}}{\overline{S}_{ACBD}}$

$\overline{S}_{LAC}=\dfrac{\overline{CL}}{\overline{CD}}\cdot\overline{S}_{ACD}=\dfrac{\overline{S}_{ACB}\cdot\overline{S}_{ACD}}{\overline{S}_{ACBD}}$

(用 SLL 消去 K、L)

(3)将(2)代入(1)的右端得:

$$\frac{\overline{KF}}{\overline{LF}}\cdot\frac{\overline{LG}}{\overline{KG}}=-1,$$证毕。

如果稍加人工干预,用面积方法可得简单的单线证明:

$$\frac{\overline{KF}}{\overline{LF}}=\frac{\overline{S}_{KBD}}{\overline{S}_{LBD}}=\frac{\overline{S}_{KBD}}{\overline{S}_{KBL}}\cdot\frac{\overline{S}_{KBL}}{\overline{S}_{LBD}}$$

$$=\frac{\overline{DC}}{\overline{LC}}\cdot\frac{\overline{KA}}{\overline{AD}}=\frac{\overline{S}_{DAC}}{\overline{S}_{LAC}}\cdot\frac{\overline{S}_{KCA}}{\overline{S}_{DAC}}$$

$$=\frac{\overline{S}_{KCA}}{\overline{S}_{LAC}}=\frac{\overline{KG}}{\overline{GL}},$$

证毕。

这个题目的前提是典型的希尔伯特交点类问题前提,只是若干条直线交于某些个点。其结论却是一个准确的等式,不免使人感到有点惊奇。用希尔伯特的机械化定理证明它,比这里繁复得多。

顺便提到,著名数学大师华罗庚,在《1978 年全国中学生数学竞赛》一书的前言中,特别提到这个例子,并指出它包含了射影几何的基本原理。华罗庚接着还给出了一个证明,证明中用到了面积计算和三角函数的知识。该证明中使用了“同理”、“同样可以得到”以及“类似地可以证明”等略语 3 次，仍然长达 20 行。可见，我们的机械化证明，有时已能和数学家提供的证明相媲美。

下面的题目可以看成是上例的极限情形：即 F 或 G 在无穷远处的情形。它是 1978 年全国八省市数学竞赛第 2 试的第 1 题。命题主持人华罗庚指出，此题包含了仿射几何的基本原理，是根据著名数学家苏步青教授建议的将下述题目改写成：

“已知一直线平行于 AC，要求只用直尺(不用圆规)平分 AC。”这题目有点难。改写的题目中，给出了平分 AC 的方法而只要证明，容易多了。

［**例 4.4**］（**仿射几何的基本原理**）设 $AC/\!/BD$，直线 AB、CD 交于 P，AD、BC 交于 Q，PQ 和 AC 交于 M。则 M 是 AC 的中点(见图 4-14)。

［**证明**］ 只要证明 $\boldsymbol{AM/MC}=1$ 即可。消点过程为：

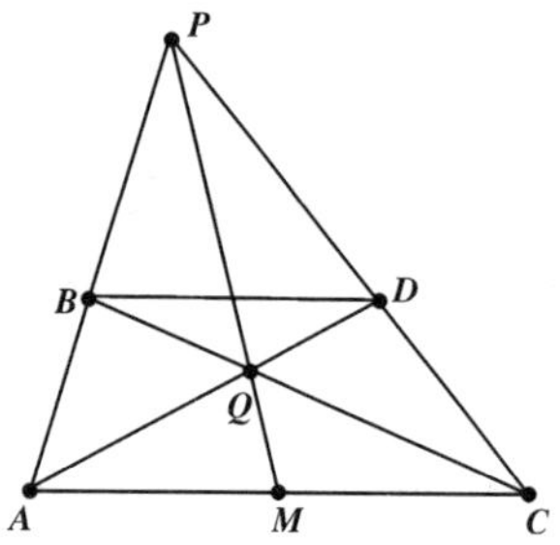

图 4-14

(1) $\dfrac{\overline{AM}}{\overline{MC}}=\dfrac{\overline{S}_{APQ}}{\overline{S}_{CQP}}$ (用 RLL 消去 M)

(2) $\overline{S}_{APQ}=\dfrac{\overline{AP}}{\overline{AB}}\cdot\overline{S}_{ABQ}=\dfrac{\overline{S}_{ACD}\cdot\overline{S}_{ABQ}}{\overline{S}_{ACBD}}$

$\overline{S}_{CQP}=\dfrac{\overline{CP}}{\overline{CD}}\cdot\overline{S}_{DCQ}=\dfrac{\overline{S}_{ACB}\cdot\overline{S}_{DCQ}}{\overline{S}_{ACBD}}$

(用 SLL 消去 P)

(3) $\overline{S}_{ABQ}=\dfrac{\overline{AQ}}{\overline{AD}}\cdot\overline{S}_{ABD}=\dfrac{\overline{S}_{ACB}\cdot\overline{S}_{ABD}}{\overline{S}_{ACDB}}$

$\overline{S}_{DCQ}=\dfrac{\overline{CQ}}{\overline{CB}}\cdot\overline{S}_{CBD}=\dfrac{\overline{S}_{ACD}\cdot\overline{S}_{CBD}}{\overline{S}_{ACDB}}$

(用 SLL 消去 Q)

(4)将(3)代入(2)再代入(1)得

$$\frac{\overline{AM}}{\overline{MC}}=\frac{\overline{S}_{ABD}}{\overline{S}_{CBD}}=1$$

证毕。

如果略加人工干预，可这样推导：

$$\frac{\overline{AM}}{\overline{MC}}=\frac{\overline{S}_{APQ}}{\overline{S}_{CPQ}}=\frac{\overline{S}_{APQ}}{\overline{S}_{ACQ}}\cdot\frac{\overline{S}_{ACQ}}{\overline{S}_{CPQ}}$$

$$=\frac{\overline{PD}}{\overline{CD}}\cdot\frac{\overline{AB}}{\overline{BP}}=\frac{\overline{S}_{PBD}}{\overline{S}_{CBD}}\cdot\frac{\overline{S}_{ADB}}{\overline{S}_{PBD}}$$

$$=\frac{\overline{S}_{ADB}}{\overline{S}_{CBD}}=1$$

证毕。

［例 4.5］ **(帕普斯定理)**已知 A,B,C 三点共线，X、Y、Z 三点共线。直线 AY 与 XB 交于 P，AZ 与 XC 交于 Q，BZ 与 YC 交于 S。则 P,Q,S 三点在一直线上，如图 4-15 所示。

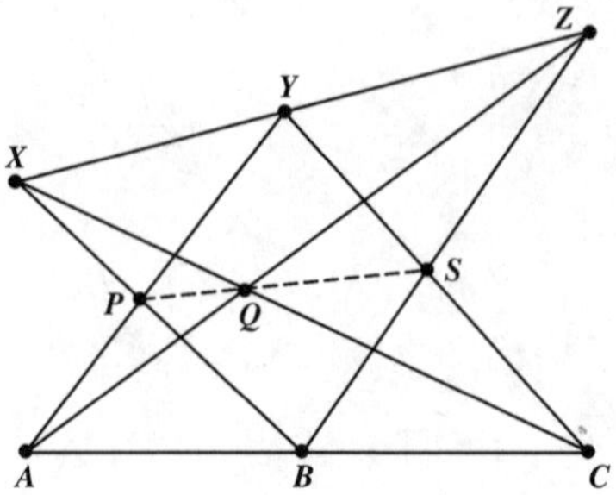

图 4-15

［证明］ 这个题目的结论是 P,Q,S 三点共线，即直线 PQ 过点 S，而 S 是 BZ 和 YC 的交点。我们设 PQ 交 YC 于点 T，则只要证明 T 和 S 是同一个点就好了。为此只要证明 **$YS/CS=YT/CT$，即 $(YS/CS)(CT/YT)=1$。**

这样把三点共线问题转化为线段比等式，是消点法中常用的。

消点过程为：

(1) $\frac{\overline{YS}}{\overline{CS}}\cdot\frac{\overline{CT}}{\overline{YT}}=\frac{\overline{S}_{YBZ}}{\overline{S}_{CBZ}}\cdot\frac{\overline{S}_{CPQ}}{\overline{S}_{YPQ}}$

（用 RLL 消去点 S 和 T）

(2) $\overline{S}_{CPQ}=\frac{\overline{QC}}{\overline{CX}}\cdot\overline{S}_{CXP}=\frac{\overline{S}_{AZC}\cdot\overline{S}_{CXP}}{\overline{S}_{ACZX}}$

$\overline{S}_{YPQ}=\frac{\overline{AQ}}{\overline{AZ}}\cdot\overline{S}_{YPZ}=\frac{\overline{S}_{ACX}\cdot\overline{S}_{YPZ}}{\overline{S}_{ACZX}}$

（用 SLL 消去 Q）

$$(3)\overline{S}_{CXP}=\frac{\overline{XP}}{\overline{XB}}\cdot\overline{S}_{CXB}=\frac{\overline{S}_{XAY}\cdot\overline{S}_{CXB}}{\overline{S}_{XABY}}$$

$$\overline{S}_{YPZ}=\frac{\overline{YP}}{\overline{YA}}\cdot\overline{S}_{YAZ}=\frac{\overline{S}_{XBY}\cdot\overline{S}_{YAZ}}{\overline{S}_{XABY}}$$

（用 SLL 消去 P）

(4)将(3)代入(2)，再代入(1)得到：

$$\frac{\overline{YS}}{\overline{CS}}\cdot\frac{\overline{CT}}{\overline{YT}}=\frac{\overline{S}_{YBZ}\cdot\overline{S}_{AZC}\cdot\overline{S}_{XAY}\cdot\overline{S}_{CXB}}{\overline{S}_{CBZ}\cdot\overline{S}_{ACX}\cdot\overline{S}_{XBY}\cdot\overline{S}_{YAZ}}$$

$$=\frac{\overline{S}_{YBZ}}{\overline{S}_{XBY}}\cdot\frac{\overline{S}_{AZC}}{\overline{S}_{CBZ}}\cdot\frac{\overline{S}_{XAY}}{\overline{S}_{YAZ}}\cdot\frac{\overline{S}_{CXB}}{\overline{S}_{ACX}}$$

$$=\frac{\overline{ZY}}{\overline{YX}}\cdot\frac{\overline{CA}}{\overline{CB}}\cdot\frac{\overline{YX}}{\overline{ZY}}\cdot\frac{\overline{BC}}{\overline{AC}}=1,$$

证毕。

［**例 4.6**］ (**德沙格定理**)已知直线 AX,BY,CZ 交于 S，BC 与 YZ 交于 P，AC 与 XZ 交于 Q，AB 与 XY 交于 R(图 4-16)。则 P,Q,R 三点共线。

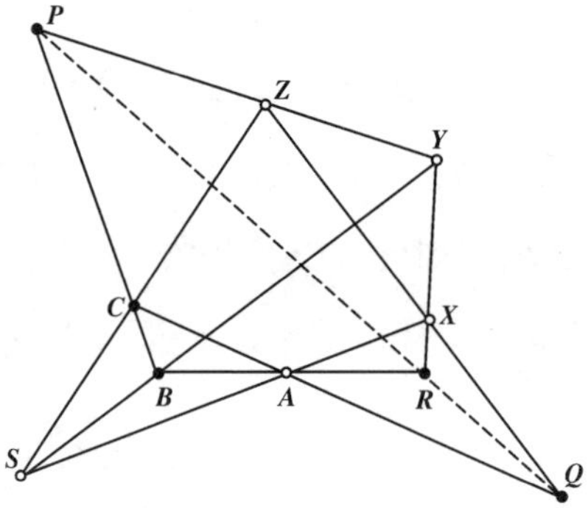

图 4-16

［**证明**］ 用前例方法把共线问题化作等比问题：设 PQ 与 AB 交于 W，则 P，Q,R 三点共线等价于 W 与 R 重合，即要证明$(\boldsymbol{AR/BR})(\boldsymbol{BW/AW})=1$。消点的过程为：

(1) $\frac{\overline{AR}}{\overline{BR}}\cdot\frac{\overline{BW}}{\overline{AW}}=\frac{\overline{S}_{AXY}}{\overline{S}_{BXY}}\cdot\frac{\overline{S}_{BPQ}}{\overline{S}_{APQ}}$

(用 RLL 消去点 R,W)

(2) $\overline{S}_{BPQ}=\frac{\overline{CQ}}{\overline{AC}}\cdot\overline{S}_{BAP}=\frac{\overline{S}_{XZC}\cdot\overline{S}_{BAP}}{\overline{S}_{AXCZ}}$

$\overline{S}_{APQ}=\frac{\overline{AQ}}{\overline{AC}}\cdot\overline{S}_{APC}=\frac{\overline{S}_{AXZ}\cdot\overline{S}_{APC}}{\overline{S}_{AXCZ}}$

(用 SLL 消去点 Q)

(3) $\overline{S}_{BAP}=\frac{\overline{BP}}{\overline{BC}}\cdot\overline{S}_{BAC}=\frac{\overline{S}_{BYZ}\cdot\overline{S}_{ACB}}{\overline{S}_{BYCZ}}$

$\overline{S}_{APC}=\frac{\overline{PC}}{\overline{CB}}\cdot\overline{S}_{ACB}=\frac{\overline{S}_{CYZ}\cdot\overline{S}_{ACB}}{\overline{S}_{BYCZ}}$

(用 SLL 消去点 P)

(4)将(3)代入(2),再代入(1)得到:

$$\begin{aligned}\frac{\overline{AR}}{\overline{BR}}\cdot\frac{\overline{BW}}{\overline{AW}}&=\frac{\overline{S}_{AXY}}{\overline{S}_{BXY}}\cdot\frac{\overline{S}_{XZC}}{\overline{S}_{AXZ}}\cdot\frac{\overline{S}_{BYZ}}{\overline{S}_{CYZ}}\\&=\frac{\overline{AX}}{\overline{SX}}\cdot\frac{\overline{SY}}{\overline{BY}}\cdot\frac{\overline{CZ}}{\overline{SZ}}\cdot\frac{\overline{SX}}{\overline{AX}}\cdot\frac{\overline{BY}}{\overline{SY}}\cdot\frac{\overline{SZ}}{\overline{CZ}}\\&=1\end{aligned}$$

证毕。

证明的最后一步用到了条件:AX,BY,CZ 三线共点。因而有

$$\frac{\overline{S}_{AXY}}{\overline{S}_{BXY}}=\frac{\overline{S}_{AXY}}{\overline{S}_{SXY}}\cdot\frac{\overline{S}_{SXY}}{\overline{S}_{BXY}}=\frac{\overline{AX}}{\overline{SX}}\cdot\frac{\overline{SY}}{\overline{BY}}$$

其他各个比例可类似地化作线段比。

一般说来,消点到最后,诸点所在的各直线平行或共线时,均用类似的方法作最后的消解。

4.6 引进勾股差

只用前面所引进的带号面积和共线或平行的有向线段的比这两种几何量,无

法描述涉及垂直、等角这类度量几何的性质。为了解决这个问题，我们引进一个新的几何量——勾股差。

4.6.1 三角形勾股差的定义

对任意三点 A,B,C，把几何量

$$AB^2+BC^2-AC^2$$

叫做$\triangle ABC$ 的勾股差，记作 P_{ABC}。即：

$$P_{ABC}=AB^2+BC^2-AC^2$$

这个定义最早是作者在一书中引进的[14]。下列基本性质容易验证。

4.6.2 三角形勾股差 P_{ABC} 的基本性质

(1)$P_{ABC}=P_{CBA}$

(2)$P_{ABC}+P_{BCA}+P_{CAB}=AB^2+BC^2+CA^2$

(3)$P_{ABC}+P_{ACB}=2BC^2$

(4)A,B,C 三点共线时有 $P_{ABC}=2\overline{AB}\cdot\overline{CB}$

(5)$P_{ABC}=0$ 的充分必要条件是：$\angle ABC$ 为直角或 A、C 中至少有一点与 B 重合。

由余弦定理得到：

$P_{ABC}=AB^2+BC^2-AC^2=2AB\cdot BC\cdot cos\angle ABC$ 由此可推出勾股差定理。

4.6.3 勾股差定理

$\angle ABC=\angle XYZ$ 的充分必要条件是

$$\frac{\overline{P}_{ABC}}{AB\cdot BC}=\frac{\overline{P}_{XYZ}}{XY\cdot YZ}$$

而$\angle ABC$ 与$\angle XYZ$ 互补的充分必要条件是

$$\frac{\overline{P}_{ABC}}{AB\cdot BC}=-\frac{\overline{P}_{XYZ}}{XY\cdot YZ}$$

前面我们引进了四边形的带号面积，它是三角形带号面积的推广。类似地，勾股差也可以推广到四边形。并且，四边形的勾股差用起来还更为方便。

4.6.4　四边形勾股差的定义

四边形 $ABCD$ 的勾股差定义为：

$$P_{ABCD}=AB^2-BC^2+CD^2-DA^2$$

由定义不难验证四边形勾股差 P_{ABCD} 的基本性质。

4.6.5　四边形勾股差 P_{ABCD} 的基本性质

(1)四边形勾股差字母轮换规则：

$$\begin{aligned}P_{ABCD}&=P_{BADC}=P_{CDAB}=P_{DCBA}=-P_{BCDA}\\&=-P_{ADCB}=-P_{DABC}=-P_{CBAD}\end{aligned}$$

这里字母轮换的规则是：从同一点开始沿边界绕行，顺时针和反时针反号；从相邻点开始同向绕行也反号。或者说：对角线 AC，BD 不变，但一条对角线两字母换位时勾股差变号。

(2)四边形勾股差和三角形勾股差的关系：

$$\begin{aligned}P_{ABCD}&=P_{ABD}-P_{CBD}=P_{BAC}-P_{DAC}=P_{CDB}-P_{ADB}\\&=P_{DCA}-P_{BCA}\end{aligned}$$

$$P_{ABBC}=P_{ABC},P_{AABC}=-P_{CAB},P_{ABCC}=-P_{BCA}$$

(3)四边形的勾股定理：

$P_{ABCD}=0$ 的充分必要条件是 $AB\perp BD$ 或 $AB\cdot CD=0$。

(4)四边形勾股差的投影不变性：设 AC 在直线 BD 上的投影为 XY，则

$$P_{ABCD}=2\,\overline{XY}\cdot\overline{DB}$$

由此可见，对直线 AX 上的点 M 和 CY 上的点 N，总有

$$P_{MBND}=P_{ABCD}$$

(5)四边形勾股差的可分性：

$$P_{MANB}+P_{MBNC}=P_{MANC}$$

(6)四边形勾股差的可比性：若 $\boldsymbol{AB}=r\boldsymbol{CD}$，则

$$P_{MANB}=rP_{MCND}$$

这些性质的证明，有兴趣的读者可参看[15][1]。以下两个例子说明勾股差在几何推理中的应用。

[例 4.7]　(勾股差应用例之一：垂心定理)三角形的三条高线交于一点。

[证明]　如图 4-17 所示，$\triangle ABC$ 的两高 AF，BE 交于 H。要证明 AB 边上的高也经过点 H，只要证明 $CH\perp AB$，即证明 $P_{CAHB}=0$。

由勾股差的基本性质：

$P_{CAHB}=P_{CAHC}+P_{CCHB}$（四边形勾股差的可分性）

$=P_{CABC}+P_{CCAB}$（由 $BH\perp AC$、$AH\perp BC$ 及四边形勾股差投影不变性）

$=-P_{CCAB}+P_{CCAB}$（四边形勾股差字母轮换规则）

$=0$，证毕。

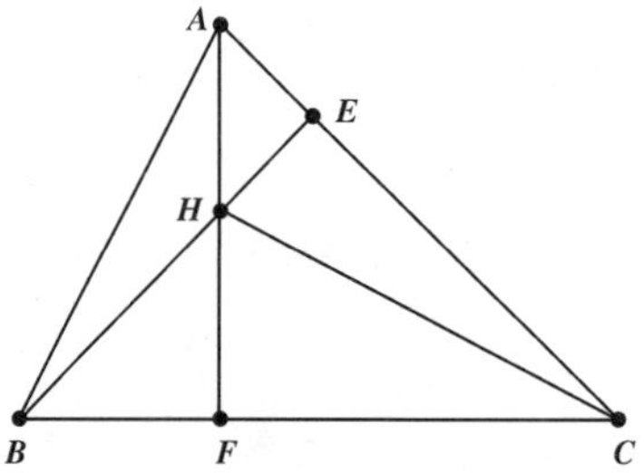

图 4-17

[例 4.8]　(勾股差应用之二)向任意三角形 ABC 外作正方形 $ACFG$ 和 $BAED$。则 $BG\perp CE$，如图 4-18 所示。

[证明]　$P_{BCGE}=P_{BCGA}+P_{BAGE}$（四边形勾股差的可分性）

$=P_{BCAA}+P_{ACGA}+P_{BAAE}+P_{AAGE}$（四边形勾股差的可分性）

$=-P_{CAB}-P_{EAG}$（由 $AG\perp AC$、$BA\perp AE$ 及四边形勾股定理）

$=0$（由 $\angle CAB$ 与 $\angle EAG$ 互补及勾股差定理）

证毕。

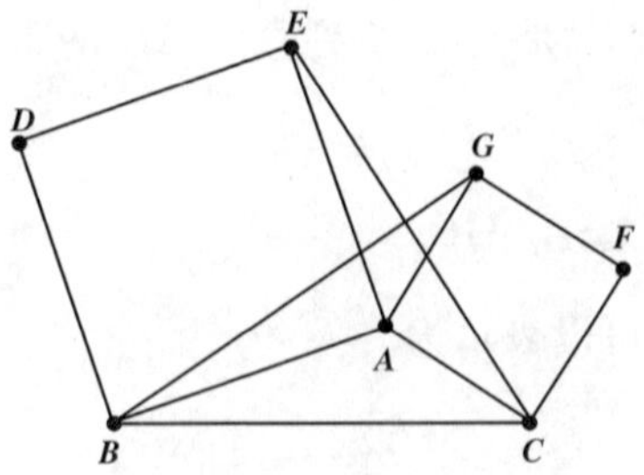

图 4-18

上面两例的证明,需要人的机智。把一个勾股差分成两个,要人来想主意确定如何分。以下回到机械化解题的主题,看看勾股差在消点法中能起什么作用。

想当然,勾股差和垂直、等角有密切关系。有了勾股差,能描述垂直、等角这些度量几何的性质,便突破了希尔伯特交点类几何命题的范围。一方面,在叙述命题的前提时可用的构图语句多了。另一方面,在表达命题结论时能用的几何量也多了。

比如,马上可以添加的作图步骤就有

4.6.6 交点类几何命题之外的作图语句

C5(FOOT Q P A B)

自 P 向直线 AB 引垂足 Q。

C6(INTER X (LINE U V) (TLINE P A B))

点 X 是直线 UV 与过 P 垂直于 AB 的直线的交点。

C7(INTER X (LINE U V) (CIR P U))

点 X 是直线 UV 与以 P 为心且过点 U 的圆的另一交点。

C8(INTER X (CIR P U) (CIR Q U))

点 X 是分别以 P、Q 为心且交于点 U 的两圆的另一交点。

C9(TRATIO X A B t)

在过 A 垂直于 AB 的直线上取点 X,使

$$d(X,AB)/AB=\mathrm{t}。$$

最后 C9 的定义中，$d(X,AB)$是指点 X 到直线 AB 的带号距离。而带号距离的定义可以利用带号面积来引进：

$$d(X,AB)=2\triangle \boldsymbol{XAB}/AB$$

这样，C9 中的参数 t 可以表示为

$$t=\frac{2\overline{S}_{XAB}}{\overline{AB}^2}=\frac{2\overline{S}_{XAB}}{P_{ABA}}$$

它的绝对值等于$\angle XBA$ 的正切，正负号则由点 B 在沿 AX 前进方向的右侧或左侧而定。

这 5 条作图语句，顺次记作 F，LT，LC，CC，T。于是我们又应当建立至多 10 个消点公式：RF，RLT，RLC，RCC，RT，SF，SLT，SLC，SCC 和 ST。不但如此，现在还多了一个几何量勾股差。对应于每个作图语句，都有一个从勾股差中消去该作图语句所引进的点的问题。不算 C4，还有 8 种作图，就需要至多 8 个从勾股差中消点的消点公式。用 P 表示勾股差，这些公式的名字应该是：PD，PL，PLL，PF，PLT，PLC，PCC，PT。

为了建立基于消点法的完整的几何证明系统，还有些工作要继续进行。这主要涉及与圆有关的作图。

已经引进的作图语句，每次只能引进一个点。在圆与圆、圆与直线相交时，我们总是假定先已有了一个交点，而通过作图引进的是另一个交点。但在有些问题中，可能需要同时引进两圆的两个交点，或圆与直线的两个交点。这就需要建立新型的消点公式：或对同时引进的两个点加以区别，或不加区别同时消去。

另一个问题是，如果消点过程进行到最后，剩下的点分布在一个或几个各自独立的圆上，并且点和点之间除了共圆之外再也没有其他的约束关系了，该怎么做下去?

这些问题较为专门，此处从略。有兴趣的读者可参看文献[15]和[1]。这里只列出与勾股差有关的最基本的消点公式。

4.6.7 消点公式 RF:从线段比中消去垂足

设 Q 到直线 AB 的垂足为 D,则

(1) $\frac{\overline{AD}}{\overline{DB}}=\frac{P_{QAB}}{P_{QBA}}$

(2) $\frac{\overline{AD}}{\overline{AB}}=\frac{P_{QAB}}{2\,\overline{AB}^2}$

[证明]由三角形勾股差和四边形勾股差的关系,以及勾股差的投影不变性,可得

$P_{QAB}=P_{QAAB}=P_{DAAB}=2\,\overline{DA}\cdot\overline{BA}$

$P_{QBA}=P_{QBBA}=P_{DBBA}=2\,\overline{DB}\cdot\overline{AB}$

两式相比,得(1)。对(1)用合比定理,注意到

$AD+DB=AB,\ P_{QAB}+P_{QBA}=2\,\overline{AB}^2$

便得到要证明的(2)。

把消点公式 RF 再推广一步,是消点公式 RLT。

4.6.8 消点公式 RLT:从线段比中消去垂线与两点连线交点

设直线 AB 的垂线过点 P 而与 UV 交于 X,则

$$\frac{\overline{UX}}{\overline{VX}}=\frac{P_{UAPB}}{P_{VAPB}}$$

[证明] 设 U,X,V 在直线 AB 上的投影顺次为 S,Y,T,则由勾股差的投影不变性得两式相比,得

$$P_{UAPB}=2\,\overline{SY}\cdot\overline{BA},\ P_{VAPB}=2\,\overline{TY}\cdot\overline{BA}$$

两式相比,得

$$\frac{P_{UAPB}}{P_{VAPB}}=\frac{\overline{SY}}{\overline{TY}}=\frac{\overline{UX}}{\overline{VX}},\text{证毕。}$$

既然能用比例分点的形式确定垂足在已知直线上的位置,也就可以用从面积

中消去直线上定比分点的办法消去垂足了。但从勾股差中消去定比分点却是一个新问题。这个问题解决了,能引起连锁反应,解决一串消点问题。

4.6.9 消点公式 PL:从勾股差中消去直线上的定比分点

设 X 是直线 AB 上一点,使 $\boldsymbol{AX}=r\boldsymbol{AB}$。则对平面上任意三点 U,V,W,有:

(1) $P_{XUWV}=rP_{BUWV}+(1-r)P_{AUWV}$

(2) $P_{UXXV}=rP_{UBBV}+(1-r)P_{UAAV}-2r(1-r)\overline{AB}^2$

[证明] 首先证明,对任一点 P,有

(3) $\overline{XP}^2=r\,\overline{PB}^2+(1-r)\overline{PA}^2-r(1-r)\overline{AB}^2$

这是因为:

$$r=\frac{\overline{AX}}{\overline{AB}}=\frac{P_{PAAX}}{P_{PAAB}}\quad\text{(勾股差可比性)}$$

$$=\frac{\overline{PA}^2+\overline{AX}^2-\overline{XP}^2}{\overline{PA}^2+\overline{AB}^2-\overline{PB}^2}\quad\text{(定义)}$$

$$=\frac{\overline{PA}^2+(r\overline{AB})^2-\overline{XP}^2}{\overline{PA}^2+\overline{AB}^2-\overline{PB}^2}\quad(\boldsymbol{AX}=r\boldsymbol{AB})$$

由此等式解出 $\boldsymbol{XP}^2$,得(3)。

用(3)得到

(4) $\overline{XU}^2=r\,\overline{BU}^2+(1-r)\overline{AU}^2-r(1-r)\overline{AB}^2$

$\overline{XV}^2=r\,\overline{BV}^2+(1-r)\overline{AV}^2-r(1-r)\overline{AB}^2$

将(4)代入 P_{XUWV} 的定义式:

(5) $P_{XUWV}=\overline{XU}^2+\overline{WV}^2-\overline{UW}^2-\overline{XV}^2$

$=r\,\overline{BU}^2+(1-r)\overline{AU}^2-r(1-r)\overline{AB}^2+\overline{WV}^2-\overline{UW}^2-[r\,\overline{BV}^2+(1-r)\overline{AV}^2-r(1-r)\overline{AB}^2]$

$=r(\overline{BU}^2+\overline{WV}^2-\overline{UW}^2-\overline{BV}^2)+(1-r)\cdot(\overline{AU}^2+\overline{WV}^2-\overline{UW}^2-\overline{AV}^2)$

$=rP_{BUWV}+(1-r)P_{AUWV}$

再将(4)代入 P_{UXXV} 的定义式:

(6) $P_{UXXV}=\overline{UX}^2+\overline{XV}^2-\overline{UV}^2$

$=r\,\overline{BU}^2+(1-r)\overline{AU}^2-r(1-r)\overline{AB}^2+r\,\overline{BV}^2+(1-r)\overline{AV}^2-r(1-r)\overline{AB}^2$
$-\overline{UV}^2$

$=r(\overline{BU}^2+\overline{BV}^2-\overline{UV}^2)+(1-r)(\overline{AU}^2+\overline{AV}^2-\overline{UV}^2)-2r(1-r)\overline{AB}^2$

$=rP_{UBBV}+(1-r)P_{UAAV}-2r(1-r)\overline{AB}^2$

(5)和(6)即要证明的结论(1)和(2),证毕。

下面举两个例子,说明上述消点公式的应用。

[例 4.9] 设 $ABCO$ 是任意四边形。过 O 引 OA 的垂线交 BC 于 D,引 OB 的垂线交 CA 于 E,引 OC 的垂线交 AB 于 F,如图 4-19 所示。

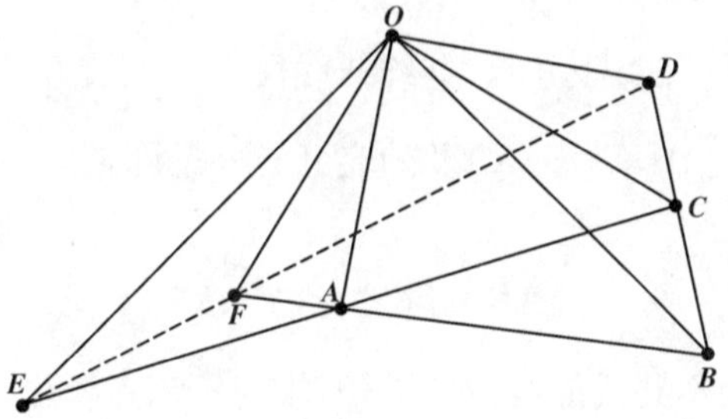

图 4-19

[求证]D、E、F 三点共线。

[证明] 仍用将共线问题转化为等比问题的老办法。设直线 DE 与 AB 交于点 Z,只要证明 Z 与 F 重合即可。这等价于证明 **AF/BF=AZ/BZ**。下面是消点过程:

(1) $\dfrac{\overline{AF}}{\overline{BF}}\cdot\dfrac{\overline{BZ}}{\overline{AZ}}=\dfrac{P_{AOOC}}{P_{BOOC}}\cdot\dfrac{\overline{S}_{BDF}}{\overline{S}_{ADE}}$

(用消点公式 RLT 消去 F,用消点公式 RLL 消去 Z)

(2) $\overline{S}_{BDE}=\dfrac{\overline{CE}}{\overline{CA}}\cdot\overline{S}_{BDA}=\dfrac{P_{COOB}}{P_{COAB}}\cdot\overline{S}_{BDA}$

$\overline{S}_{ADE}=\dfrac{\overline{AE}}{\overline{CA}}\cdot\overline{S}_{ACD}=\dfrac{P_{AOOB}}{P_{COAB}}\cdot\overline{S}_{ACD}$

(先化面积比为线段比,再用消点公式 RLT 消去 E)

(3) $\frac{\overline{S}_{BDA}}{\overline{S}_{ACD}}=\frac{\overline{BD}}{\overline{CD}}=\frac{P_{BOOA}}{P_{COOA}}$

(先化面积比为线段比,再用消点公式 RLT 消去 D)

(4)先将(2)代入(1),再将(3)代入得

$$\frac{\overline{AF}}{\overline{BF}}\cdot\frac{\overline{BZ}}{\overline{AZ}}=\frac{P_{AOOC}}{P_{AOOB}}\cdot\frac{P_{BOOA}}{P_{COOA}}=1,$$

证毕。

在上述消点过程(2)、(3)中,我们分两步从三角形面积中消去垂线与两点连线的交点。这两步组合起来,其实就是消点公式 SLT,不过这里没有列出这个公式而已。

前面所举的例子,偏重于共点、共线或线段比。下面看一个关于等角的题目。

由勾股差定理,$\angle ABC=\angle XYZ$ 的充分必要条件是

$$\frac{\overline{P}_{ABC}}{AB\cdot BC}=\frac{\overline{P}_{XYZ}}{XY\cdot YZ}$$

但这个条件涉及不共线的线段的乘积,不便于消点操作。因此,我们用等式

$$\frac{P_{ABC}}{\overline{S}_{ABC}}=\frac{P_{XYZ}}{\overline{S}_{XYZ}}$$

来作为$\angle ABC=\angle XYZ$ 的条件。这是勾股差定理的一个简单推论,参见[14](P. 238~241)。

[例 4.10] 设在$\triangle ABC$ 中,高 AD 的垂足在 BC 边上。在 AD 上任取一点 P,直线 BP、CP 分别交 AC 和 AB 于 N 和 M,如图 4-20 所示。

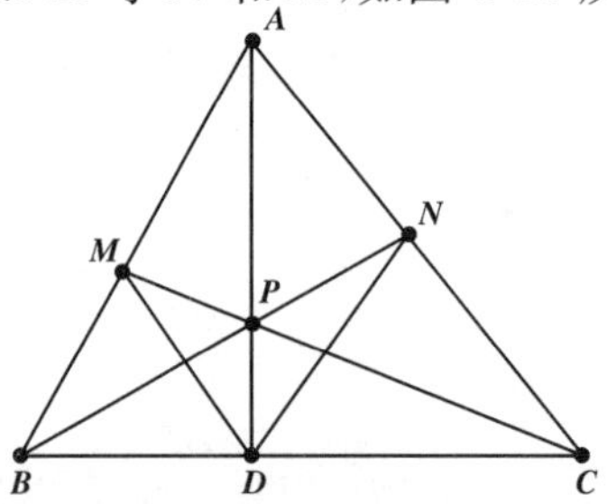

图 4-20

[求证] $\angle MDA=\angle ADN$

[证明] 要证明$\angle MDA$与$\angle ADN$相等,即证明

(1) $\dfrac{P_{MDA}}{\overline{S}_{MDA}}=\dfrac{P_{ADN}}{\overline{S}_{ADN}}$

以下是消点过程:

(2) $P_{MDA}=\dfrac{\overline{BM}}{\overline{BA}}\cdot P_{ADA}=\dfrac{\overline{S}_{BCP}}{\overline{S}_{BCAP}}\cdot P_{ADA}$

$\overline{S}_{MDA}=\dfrac{\overline{MA}}{\overline{BA}}\cdot \overline{S}_{BDA}=\dfrac{\overline{S}_{APC}}{\overline{S}_{BCAP}}\cdot \overline{S}_{BDA}$

(用 PL 和 SLL 消去点 M)

(3) $P_{ADN}=\dfrac{\overline{CN}}{\overline{CA}}\cdot P_{ADA}=\dfrac{\overline{S}_{BCP}}{\overline{S}_{BCPA}}\cdot P_{ADA}$

$\overline{S}_{ADN}=\dfrac{\overline{NA}}{\overline{CA}}\cdot \overline{S}_{DCA}=\dfrac{\overline{S}_{ABP}}{\overline{S}_{BCPA}}\cdot \overline{S}_{DCA}$

(用 PL 和 SLL 消去点 N)

(4)将(2)(3)代入(1)的两端并化简,要证的等式成为

$$\overline{S}_{APC}\cdot \overline{S}_{BDA}=\overline{S}_{ABP}\cdot \overline{S}_{DCA}$$

(5)设 $\boldsymbol{AP}=r\boldsymbol{AD}$,则

$$\overline{S}_{APC}=r\,\overline{S}_{ADC}=\overline{S}_{DCA},\ \overline{S}_{ABP}=r\,\overline{S}_{ABD}=\overline{S}_{BDA}$$

代入(4),两端相等。

证毕。

4.7 复数和向量

前面几节,我们较多地叙述了技术的细节,如具体的几何量、消点公式等。这是为了说明,消点法确实能实现为可具体操作的算法。不但用计算机能实现,也能用笔和纸来实现。

2000 年来,人们认为几何证明无定法。有了消点法,这种看法应当改变了。

在机器证明研究领域，专家们曾经认为，想让计算机自动生成巧妙简洁的可读证明是不可能的。有了消点法，这种看法也不成立了。

消点法，主要是一种思想。这种思想容易实现为各种各样的具体的操作过程，但它又不限于任何的具体过程。

消点法中的基本要素：作图步骤、几何不变量和对应的一系列消点公式，都是灵活的、可选择的。

对不同的几何体系，当然要有不同的选择。例如，建立立体几何解题的消点系统，体积理所当然是一个主要的几何不变量[16]。建立非欧几何解题的消点系统，就要寻求相当于面积、勾股差的非欧几何不变量。顺便提到，这种几何量确实被成功地找到了[26]，从而实现了非欧几何定理可读证明的自动生成。非欧几何不像欧几里得几何那样历史悠久。欧氏几何里，已经很难找到简明漂亮的新定理了。有些研究报告称用计算机发现了欧氏几何新定理，往往不久就又发现这些"新定理"在文献里早有记载。相反，人们对非欧几何的定理知之甚少。有了消点法，能够成批地用计算机生产非欧几何的新定理和它们的简洁的证明。

消点法的出现，引出了可借助计算机发展一门学科的实例。

在同一个几何体系中，取不同的几何量和不同的作图步骤，就会有不同的消点法，并且得到不同风格的证明。

例如，不用勾股差这个几何量，把向量作为一个几何量，也可以实现消点过程，解决不少几何问题。看下面几个例子。

［例 4.11］（用向量消点：垂心定理）

设$\triangle ABC$的三高为AF、BE、CD。则此三高交于一点，如图 3-7 所示。

［证明］ 设BE与CD交于H，只要证明$AH\perp BC$，即

$$\boldsymbol{AH}\cdot\boldsymbol{BC}=0$$

这里"·"表示向量的点乘，即内积。推导过程为：

$$\begin{aligned}\boldsymbol{AH}\cdot\boldsymbol{BC}&=\boldsymbol{AH}\cdot(\boldsymbol{BA}+\boldsymbol{AC})\\&=\boldsymbol{AH}\cdot\boldsymbol{BA}+\boldsymbol{AH}\cdot\boldsymbol{AC}\end{aligned}$$

$=\boldsymbol{AC}\cdot\boldsymbol{BA}+\boldsymbol{AB}\cdot\boldsymbol{AC}$

（用内积的投影不变性消去 H）

$=\boldsymbol{AC}\cdot(\boldsymbol{BA}+\boldsymbol{AB})=0$

证毕。

［例 4.12］　(用向量消点：同例题 4.3)设 $ABCO$ 是任意四边形。过 O 引 OA 的垂线交 BC 于 D，引 OB 的垂线交 CA 于 E，引 OC 的垂线交 AB 于 F。（见前图 4-19）

［求证］D,E,F 三点共线。

［证明］　设直线 DE 与 AB 交于点 Z，只要证明点 Z 和点 F 重合，即

$$\frac{\overline{AF}}{\overline{BF}}=\frac{\overline{AZ}}{\overline{BZ}}$$

消点过程为

$$\frac{\overline{AF}}{\overline{BF}}\cdot\frac{\overline{BZ}}{\overline{AZ}}=\frac{\overline{AO}\cdot\overline{OC}}{\overline{BO}\cdot\overline{OC}}\cdot\frac{\overline{S}_{BDE}}{\overline{S}_{ADE}}$$

（用内积性质消 F，用面积性质消 Z）

$$=\frac{\overline{AO}\cdot\overline{OC}}{\overline{BO}\cdot\overline{OC}}\cdot\frac{\dfrac{\overline{CE}}{\overline{CA}}\cdot\overline{S}_{BDA}}{\dfrac{\overline{EA}}{\overline{CA}}\cdot\overline{S}_{ADC}}$$

（面积比化为线段比）

$$=\frac{\overline{AO}\cdot\overline{OC}}{\overline{BO}\cdot\overline{OC}}\cdot\frac{\overline{CE}}{\overline{EA}}\cdot\frac{\overline{S}_{BDA}}{\overline{S}_{ADC}}$$

$$=\frac{\overline{AO}\cdot\overline{OC}}{\overline{BO}\cdot\overline{OC}}\cdot\frac{\overline{OC}\cdot\overline{BO}}{\overline{BO}\cdot\overline{BO}}\cdot\frac{\overline{S}_{BDA}}{\overline{S}_{ADC}}$$

（用内积性质消去 E）

$$=\frac{\overline{AO}\cdot\overline{OC}}{\overline{AO}\cdot\overline{BO}}\cdot\frac{\overline{BD}}{\overline{DC}}$$

$$=\frac{\overline{AO}\cdot\overline{OC}}{\overline{AO}\cdot\overline{BO}}\cdot\frac{\overline{BO}\cdot\overline{AO}}{\overline{OC}\cdot\overline{AO}}$$

（用内积性质消去 D）

$=1$

证毕。

上述证明与例题 4.3 相比，不过是用向量的内积代替了勾股差。本质上没有什么不同。

平面向量可以用复数表示。向量方法略加改变就成了复数方法。平面上的每个点 P 可以看成是一个复数 Z_P，向量 **AB** 则可以看成复数 Z_B 与 Z_A 的差：

$$\overline{AB}=Z_B-Z_A$$

这个差仍然是一个复数，记作 Z_{AB}。

一个复数 Z 可以唯一地写成 $Z=a+bi$ 的形式。这里 a,b 是实数，i 是虚数单位，是 -1 的平方根。a 叫做 Z 的实部，记作 $R(Z)$，b 叫做 Z 的虚部，记作 $I(Z)$。

复数比平面向量的内容更丰富。因为复数能相乘。用复数的三角形式作乘法特别方便。

设非零复数 Z 的三角形式为 $Z=re^{i\theta}$，这里正数 r 是 Z 所表示的向量的长度，θ 则是由 X 轴正向反时针转到与向量同向时转过的角，其值在 0 到 2π 之间。

应用点或向量的复数表示，我们引进一个作图语句和相应的消点公式。

4.7.1 作图语句 ASA：已知三角形两角一夹边作第三顶点

(ASA P A B α β)

由两点 A,B 和两角 α,β 作点 P，使 $\angle PAB=\alpha$，$\angle PBA=\beta$，且 $\triangle PAB>0$，即三点 P,A,B 沿反时针方向绕行。

相应地，也有消去点 P 的办法。

4.7.2 消点法 Z—ASA：消去由作图语句 ASA 生成点的复数表示

设点 P 由作图步骤

(ASA P A B α β)

生成，Z_P 是点 P 所对应的复数。记线段 AB 长为 c，则

$$Z_P = Z_A + (Z_B - Z_A) \cdot \frac{1-e^{-2i\beta}}{1-e^{-2i(\alpha+\beta)}}$$

［证明］ 设 $AB=c$，$AP=b$，由正弦定理得：

(1) $\frac{b}{c} = \frac{sin\beta}{sin(\alpha+\beta)} = \frac{e^{i\beta}-e^{-i\beta}}{e^{i(\alpha+\beta)}-e^{-i(\alpha+\beta)}}$

$= \frac{e^{-id}(1-e^{-2i\beta})}{1-e^{-2i(\alpha+\beta)}}$

(2)因 $\angle PAB=\alpha$，得

$$\frac{Z_P-Z_A}{Z_B-Z_A} = \frac{b}{c} \cdot e^{i\alpha}$$

将(1)代入(2)，整理即得要证的等式。

只用这一个消点公式，就能证明著名的莫勒定理。

4.7.3 莫勒定理

在△ABC 中，P,Q,R 分别为三内角中两角的三分线的交点，如图 4-21 所示。

$$\angle PAB = \angle PAQ = \angle QAC = \frac{\angle BAC}{3}$$

$$\angle PBA = \angle PBR = \angle RBC = \frac{\angle ABC}{3}$$

$$\angle QCA = \angle QCR = \angle RCB = \frac{\angle ACB}{3}$$

则△PQR 为正三角形。

我们先用 ASA 作图语句来构造莫勒定理的题图。令：

$$\alpha = \frac{\angle BAC}{3},\ \beta = \frac{\angle ABC}{3},\ \gamma = \frac{\angle ACB}{3}$$

再依照下列顺序作图：

(POINTS A B)

任取两点 A、B；

(ASA C A B 3α 3β)

作点 C 使 $\angle BAC=3\alpha$，$\angle ABC=3\beta$；

(ASA P A B α β)

作点 P 使 $\angle PAB=\alpha$，$\angle PBA=\beta$；

(ASA Q C A γ α)

作点 Q 使 $\angle QCC=\gamma$，$\angle QAC=\alpha$；

(ASA R B C β γ)

作点 R 使 $\angle RBC=\beta$，$\angle RCB=\gamma$。

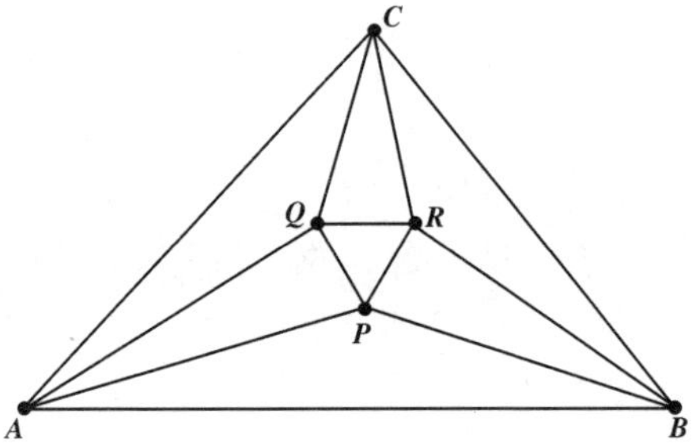

图 4-21

[证明]　要证明 $\triangle PQR$ 是正三角形，只要证明

$$PR=PQ,\ \text{并且}\angle QPR=\frac{\pi}{3}$$

即可。用复数表示，这就是

$$Z_Q-Z_P=(Z_R-Z_P)e^{\frac{i\pi}{3}}$$

记 $\omega=e^{\frac{i\pi}{3}}$，则 $\omega^3=-1$，$w^2=-\frac{1}{\omega}=\omega-1$，于是：

(1)要证明的结论可写成

$$Z_Q-\omega Z_R=Z_P(1-\omega)$$

(2)取 A 为原点，B 在正 X 轴上，AB 为长度单位，则：

$$Z_A=0, Z_B=1$$

再用消点公式 Z-ASA 得：

$$Z_P=Z_A+(Z_B-Z_A)\cdot\frac{1-e^{-2i\beta}}{1-e^{-2i(\alpha+\beta)}}=\frac{1-e^{-2i\beta}}{1-e^{-2i(\alpha+\beta)}}$$

为简化，记

$$u=e^{-2i\alpha},v=e^{-2i\beta}$$

得 $$Z_P=(1-v)(1-uv)$$

类似地得 $$Z_C=(1-v^3)(1-u^3v^3)$$

(3)再用消点公式 Z—ASA 得：

$$Z_Q=Z_C+(Z_A-Z_C)\cdot\frac{1-e^{-2i\alpha}}{1-e^{-2i(\alpha+\gamma)}}$$

$$=Z_C-Z_C\cdot\frac{1-u}{1-e^{-2i(\alpha+\gamma)}}$$

$$Z_R=Z_B+(Z_C-Z_B)\cdot\frac{1-e^{-2i\gamma}}{1-e^{-2i(\beta+\gamma)}}$$

$$=1+(Z_C-1)\cdot\frac{1-e^{-2i\gamma}}{1-e^{-2i(\beta+\gamma)}}$$

由 $\alpha+\beta+\gamma=\pi/3$ 得：

$$e^{-2i(\alpha+\gamma)}=e^{-2i(\frac{\pi}{3}-\beta)}=\frac{\omega^{-2}}{v}=-\frac{\omega}{v}$$

$$e^{-2i\gamma}=e^{-2i(\frac{\pi}{3}-\alpha-\beta)}=-\frac{\omega}{uv}$$

$$e^{-2i(\beta+\gamma)}=e^{-2i(\frac{\pi}{3}-\alpha)}=-\frac{\omega}{u}$$

从而

$$Z_Q=Z_C\left[1-\frac{1-u}{1+\frac{\omega}{v}}\right]=Z_C\cdot\frac{\omega+uv}{\omega+v}$$

$$Z_R=1+\frac{(Z_C-1)(1+\frac{\omega}{uv})}{(1+\frac{\omega}{u})}$$

$$=Z_C\cdot\frac{\omega+uv}{uv+v\omega}+\frac{\omega v-\omega}{uv+u\omega}$$

(4)将(3)代入(1),得

$$Z_C\cdot\frac{\omega+uv}{\omega+v}-\omega\left(Z_C\cdot\frac{\omega+uv}{uv+v\omega}+\frac{\omega v-\omega}{uv+v\omega}\right)$$

$$=(1-\omega)Z_P$$

整理得:

$$Z_C\cdot\frac{(\omega+uv)(uv-\omega^2)}{v(\omega+u)(\omega+v)}-\frac{\omega^2(v-1)}{v(\omega+u)}=(1-\omega)Z_P$$

将(2)中的 Z_P,Z_C 代入上式,并注意到由 $\omega^2-\omega+1=0$ 可得

$$1-X^3=(1-X)(1+X+X^2)=(1-X)(\omega+X)(X-\omega^2)$$

从而

$$1-v^3=(1-v)(1+v+v^2)=(1-v)(\omega+v)(v-\omega^2)$$

$$\begin{aligned}1-u^3v^3&=(1-uv)(1+uv+u^2v^2)\\&=(1-uv)(\omega+uv)(uv-\omega^2)\end{aligned}$$

整理得:

$$\frac{(1-v)(v-\omega^2)}{v(1-uv)(\omega+u)}-\frac{(v-1)\omega^2}{v(\omega+u)}=\frac{(1-\omega)(1-v)}{1-uv}$$

两端约去$(1-v)$,同乘$(1-uv)$,要证明的结论成为

$$\frac{v-\omega^2}{v(\omega+u)}-\frac{(1-uv)\omega^2}{v(\omega+u)}=1-\omega$$

通分,即

$$(v-\omega^2)+(1-uv)\omega^2=(1-\omega)(\omega+u)v$$

展开合并,用 $\omega^2=\omega-1$ 约化,即可证明它确是恒等式。

证毕。

五

步步为营——自动求解的代数方法

用解析几何的手段,把几何问题化为代数问题,再用计算机来处理这个代数问题,这就是几何定理机器证明的代数方法。用这种方法解几何问题,往往显得繁琐与笨拙,所得的解答不像搜索法或消点法那么简洁巧妙。就像竭泽而渔,它不像钓鱼那么巧妙而有趣,好处却是稳扎稳打,总能成功。

5.1 中国数学家的突破

自从笛卡尔提出了坐标方法,几何与代数就结下了不解之缘。取了适当的坐标系,总能把一个几何问题化为代数问题。

用几何方法不好解决,或一时得不到解答的问题,就不妨用代数方法来试试。

代数方法的好处,是具有一般性,能成批解决问题。

前面提到,希尔伯特用代数方法,解决了一小类几何问题。但是,代数方法要作大量计算。如果没有高速运算的机器作工具,往往反而费时费力。希尔伯特的方法,用笔在纸上做,计算的工作量也是可怕的。所以没有引起大家的重视。

电子计算机的问世，使数学机械化的研究活跃起来。

用计算机进行数学演算和推理，就要求计算机不仅能计算数值，还应当会处理符号。在计算机技术发展的基础上和科学技术与教育的需求的推动下，一门研究如何让计算机与符号打交道的学科——计算机代数——应运而生。1960—1961年，出现了用于符号计算的计算机高级语言 LISP。在 LISP 语言的基础上，在1962—1971 年，一批能用符号进行基本的数学运算和推理的计算机软件公布于世。到 1980 年，一些更有效的数学软件如 MATHEMATICA，MAPLE 等进入市场，成为科学家、工程师和大学师生们的常用数学工具。在代数和微积分的基本运算领域，数学机械化已经成为现实。

但是，直到 20 世纪 70 年代，初等几何定理的机器证明，仍然没有令人稍觉满意的进展。

中国数学家的工作，在这个领域揭开了新的一页。著名数学家吴文俊教授，1976 年开始进入这一领域。他在中国古代数学的机械化与代数化的优秀思想启发之下，独辟蹊径，提出了用计算机证明几何定理的新方法[25]，在我国开始倡导数学机械化的方向[10]。

1977 年，吴文俊提出的定理机器证明新方法正式发表。使用这新方法（以下简称吴法），可以在微机上迅速地证明很不简单的几何定理如西姆松定理、费尔哈定理、莫勒定理，等等；还能发现新的不平凡的几何定理。吴法像磁石一样，吸引了世界上从事这一领域研究的专家学者。

1989 年，我国访美学者周咸青撰写的一本英文专著出版了[2]。书中详细地阐述了吴法，并列举了周咸青基于吴法编制的 LISP 程序（所谓“证明器”）在计算机上证明的 512 条定理。这些定理大多是不平凡的，其中还有新定理。证明每条定理所用的机器时间一般才几秒钟。

吴法的出现，使具有数千年历史的手工式的初等几何研究真正跨入了机械化的阶段。

那么，吴法又是如何在机器上实现几何定理的证明呢？

5.2 领略吴氏代数方法

科学上许多伟大的发现与创造，基本思想往往朴实无华，甚至看来是平凡的。

举世瞩目的吴法，基本出发点也是十分朴素的思想：把几何命题化成代数形式加以处理。化成什么形式，又如何处理呢？我们用下面两个熟知的例子说明。

［例 5.1］ 平行四边形的两条对角线互相平分。

吴法的第 1 步是把几何问题代数化。

设▱$ABCD$ 的对角线 AC，BD 交于 Q。取点 A 为笛卡尔坐标系的原点，在 x 轴上任取一个不同于 A 的点 B，任取一个不在 x 轴上的点 C，则 D 由条件 $AD /\!/ BC$ 和 $DC /\!/ AB$ 所确定。而 Q 是两直线 AC，BD 的交点，要证明 $AQ=QC$ 和 $BQ=QD$。

于是可设各点的坐标如图 5-1 所示：

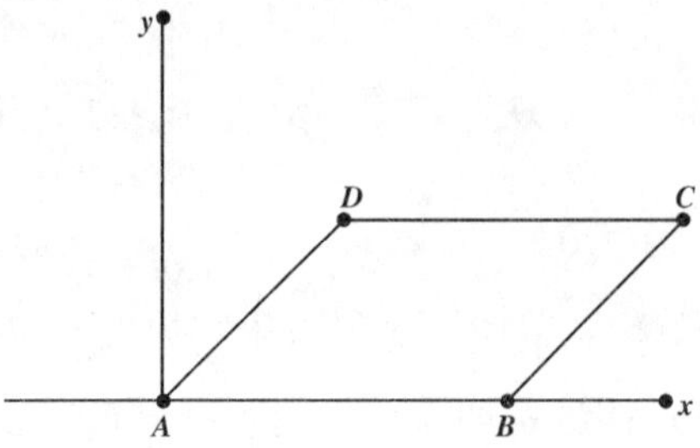

图 5-1

$A=(0,0)$，$B=(p,0)$，$C=(u,v)$，$D=(x,y)$，$Q=(z,w)$。

这就可以把题设条件用代数等式表示出来：

(1)$DC /\!/ AB$ 可表示为 $y-v=0$

(2)$AD /\!/ BC$ 可表示为 $vx-(u-p)y=0$

(3)点 Q 在 AC 上可表示为 $vz-uw=0$

(4)点 Q 在 BD 上可表示为 $(x-p)w-(z-p)y=0$

命题的结论：

(5)$AQ=QC$ 可表示为 $2z-u=0$ 或 $2w-v=0$

(6)$BQ=QD$ 可表示为 $x+p-2z=0$ 或 $2w-y=0$

现在,已经把问题化为纯粹的代数形式:已知等式(1),(2),(3),(4)成立,求证(5),(6)成立。

吴法的第 2 步,叫做整序。所谓整序,就是把假设条件化成一种叫做三角列或升列的规范形式。在假设条件里,含有许多变元。这些变元之间是相互联系和制约。以本例而论,A,B,C 三点的位置定了,其他点的位置也就定了。而 A,B,C 三点的位置,则可以由三个实数 p,u,v 确定。这一来,在 p,u,v,x,y,z,w 这 7 个变元当中,只有 3 个是自由的,另外 4 个则是受几何条件约束的。能选定自由变元,对整序有好处。把表示假设条件的这些等式加以整理,使约束变元在几个等式中以逐个添加的方式依次出现,就是整序的过程。在本例的情形,整序是容易的。只要从(3)中解出

(7)$z=\dfrac{uw}{v}$

再把(7)代入(4),得$(x-p)w-(\dfrac{uw}{v}-p)y=0$,整理后得

(8)$[v(x-p)-uy]w+pvy=0$

于是,等式(1)、(2)、(8)、(3)便形成了关于约束变元 y,x,w,和 z 的三角列或升列:在(1)中的约束变元只有 y,叫做(1)中的主变元。(2)中开始出现了 x,x 叫做(2)的主变元。总之,首次出现的变元就叫主变元。(8)中有了 w,(3)中有了 z,所以叫 w,z 分别是(8)、(3)的主变元。

利用(1)、(2)可以将(8)化简:由(1)得 $y=v$,再由(2)设 $v\neq0$ 得 $x=u-p$,代入(8)得:

(9)$2pw-pv=0$

这个步骤叫做约化。至此,表示假设条件的方程组已经化为较简单的升列:

(1)$y-v=0$

(2)$vx-(u-p)y=0$

(3)$vz-uw=0$

吴法的第 3 步，叫做伪除法求余。通俗地说，就是从所得的升列中由后向前解出主变元的最高次项，代入要证明的等式使这个变元的次数尽可能降低。具体地：

由(3)，当 $v\neq0$ 时解出 $z=uw/v$ (10)

由(9)，当 $p\neq0$ 时解出 $w=v/2$ (11)

由(2)，当 $v\neq0$ 时解出 $x=(u-p)$ (12)

由(1)，解出 $y=v$ (13)

例如，要证明 $AQ=QC$，即 $2z-u=0$ 时，先将 $z=uw/v$ 代入 $2z-u$，得 $2uw/v-u$，再将 $w=v/2$ 代入，整理后得 0，就证明了结论 $AQ=QC$。上面当我们从(1)、(2)、(9)、(3)中解出各约束变量时，要假定 $p\neq0$ 和 $v\neq0$，这两个条件叫做非退化条件。非退化条件是有鲜明的几何意义的。这里 $p\neq0$ 是要求 B 不在原点，即 B 不和 A 重合，而 $v\neq0$ 则是要求 C 不在 x 轴上，即 A,B,C 三点不共线。这两个条件当然是要的，否则，$ABCD$ 就不成其为平行四边形了。

也许这个例子简单了一点。请看下一个。

[例 5.2]　(西姆松定理)在$\triangle ABC$ 的外接圆上任取一点 P，自 P 向 BC，CA，AB 引垂线，垂足顺次为 R,S,T，则 R,S,T 三点在一直线上。

第一步，把几何问题代数化。

这条命题涉及 A,B,C,P,R,S,T 共 7 个点。

为了简便，可以取 ABC 外接圆中心 O 为笛卡尔坐标原点，取圆半径为单位长，设 A,B,C,R,S,T,P 的坐标顺次分别为(x_1,y_1)、(x_2,y_2)、(x_3,y_3)、(x_4,y_4)、(x_5,y_5)、(x_6,y_6)、(x_7,y_7)。还可以设 P 在 x 轴上，因而$(x_7,y_7)=(1,0)$。于是，命题的假设部分可以改写成下列代数等式的形式，如图 5-2 所示。

$f_1=x_1^2+y_1^2-1=0$ (A 在圆 O 上)，

$f_2=x_2^2+y_2^2-1=0$ (B 在圆 O 上)，

$f_3=x_2^3+y_3^2-1=0$ (C 在圆 O 上)；

$f_4=(x_3-x_2)(y_4-y_2)-(y_3-y_2)(x_4-x_2)=0$

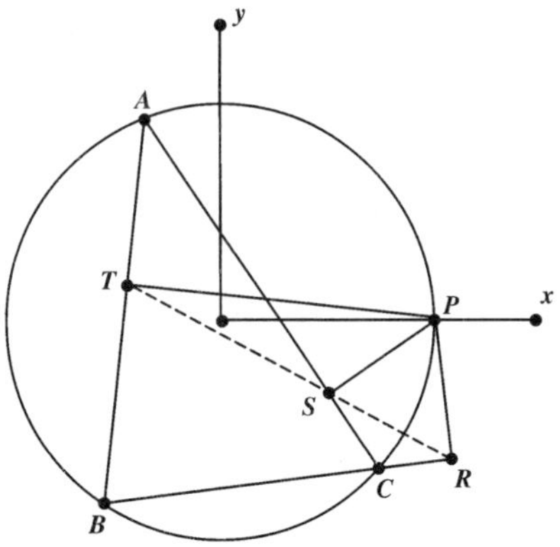

图 5-2

(R 在 BC 上),

$f_5=(x_3-x_1)(y_5-y_1)-(y_3-y_1)(x_5-x_1)=0$

(S 在 AC 上),

$f_6=(x_1-x_2)(y_6-y_2)-(y_1-y_2)(x_6-x_2)=0$

(T 在 AB 上);

$f_7=(1-x_4)(x_2-x_3)-(-y_4)(y_2-y_3)=0$

($PR\perp BC$),

$f_8=(1-x_5)(x_3-x_1)-(-y_5)(y_3-y_1)=0$

($PS\perp CA$),

$f_9=(1-x_6)(x_1-x_2)-(-y_6)(y_1-y_2)=0$

($PT\perp AB$)。

要证明的结论,则可以表示为

$g=(x_4-x_5)(y_5-y_6)-(y_4-y_5)(x_5-x_6)=0$

(R,S,T 共直线)。

至此,我们已完成了用吴法机械地证明几何定理的第 1 步:把几何问题化为代数形式:设 $f_1=f_2=f_3=\cdots=f_9=0$,求证 $g=0$。

第二步,整序。以本例而论,A,B,C 三点在圆上的位置定了,其他点的位置也就定了。而 A,B,C 三点的位置,则可以由三个纵坐标 y_1,y_2,y_3 确定。这一来,在

$x_1, y_1, \cdots, x_6, y_6$ 这 12 个变元当中，只有 3 个是自由的，另外 9 个则是受约束的。

取定 y_1, y_2, y_3 为自由变元之后，为了明确，给它们换个名字，记 $u_1 = y_1, u_2 = y_2, u_3 = y_3$，这样，一看见 u，便知道是自由变元。

现在我们把整序过程讲得更详细点。约束变元是被约束起来，跟着自由变元变化的。表达约束条件的方程就是假设条件。整序就是把杂乱无章的约束方程变得井然有序，使得：第 1 个方程只含一个约束变元，以后每个方程比前一个方程仅仅多出现一个新的约束变元。这种井然有序的方程组叫做三角列或升列。本例整序不难。先把前三个方程中的 y 改写成 u：

(1)$x_1^2 + u_1^2 - 1 = 0$

(2)$x_2^2 + u_2^2 - 1 = 0$

(3)$x_3^2 + u_3^2 - 1 = 0$

但在 $f_4 \sim f_9$ 这些方程中，每个方程里都引进了两个约束变元，这就应当设法消去一个。

从 f_4 与 f_7 中消去 y_4，得到

(4)$[(x_2 - x_3)^2 + (u_2 - u_3)^2]x_4 - [(x_2 - x_3)^2 + (u_2 - u_3)(u_2x_3 - u_3x_2)] = 0$

由 f_7 改写而得：

(5)$-(u_2 - u_3)y_4 + (1 - x_4)(x_2 - x_3) = 0$

类似地，由 f_5 和 f_8 改写得到

(6)$[(x_3 - x_1)^2 + (u_3 - u_1)^2]x_5 - [(x_3 - x_1)^2 + (u_3 - u_1)(u_3x_1 - u_1x_3)] = 0$

(7)$-(u_3 - u_1)y_5 + (1 - x_5)(x_3 - x_1) = 0$

由 f_6 和 f_9 得到

(8)$[(x_1 - x_2)^2 + (u_1 - u_2)^2]x_6 - [(x_1 - x_2)^2 + (u_1 - u_2)(u_1x_2 - u_2x_1)] = 0$

(9)$-(u_1 - u_2)y_6 + (1 - x_6)(x_1 - x_2) = 0$

现在，变量 $x_1, x_2, x_3, x_4, y_4, x_5, y_5, x_6, y_6$ 在(1)～(9)中依次出现。方程多一个，约束变量也多一个。所以是“三角形式”的多项式方程组。注意到(4)中 x_4 的系数里有 x_2 和 x_3 的平方项，可以利用方程(2)和(3)化简，得

$(4^*) 2(1-x_2x_3-u_2u_3)x_4-[(x_2-x_3)^2+(u_2-u_3)(u_2x_3-u_3x_2)]=0$

类似的，(6)和(8)也可化为

$(6^*) 2(1-x_3x_1-u_3u_1)x_5-[(x_3-x_1)^2+(u_3-u_1)(u_3x_1-u_1x_3)]=0$

$(8^*) 2(1-x_1x_2-u_1u_2)x_6-[(x_1-x_2)^2+(u_1-u_2)(u_1x_2-u_2x_1)]=0$

吴法的第二个步骤至此完成。命题的条件已经化成用一组升列表示的形式：(1)、(2)、(3)、(4*)、(5)、(6*)、(7)、(8*)、(9)。命题的结论表示为 $g=(x_4-x_5)(y_5-y_6)-(x_5-x_6)(y_4-y_5)=0$。

第三步，伪除法求余，或者说降次。

从方程(9)中解出

$$y_6=\frac{(1-x_6)(x_1-x_2)}{u_1-u_2}$$

之后代入 g。通分化简得到的多项式记作 R_8。则结论化为

$$R_8=[(u_1-u_2)(y_4-y_5)-(x_1-x_2)(x_4-x_5)]x_6+(x_4-x_5)(x_1-x_2)+(u_1-u_2)(x_4y_5-x_5y_4)=0$$

进行上述运算时，u_1-u_2 是分母，所以要假定

$$u_1-u_2\neq 0$$

这叫非退化条件。关于它的意义，后面将进行单独的讨论。从(8*)中解出 x_6 代入 R_8，整理后得 R_7，结论化为：

$$R_7=[(u_1-u_2)(y_4-y_5)-(x_1-x_2)(x_4-x_5)][(x_1-x_2)^2+(u_1-u_2)(u_1x_2-u_2x_1)]+2(1-x_1x_2-u_1u_2)[(x_4-x_5)(x_1-x_2)+(u_1-u_2)(x_4y_5-x_5y_4)]=0$$

同时得到非退化条件 $(1-x_1x_2-u_1u_2)\neq 0$。

再从(7)中解出 y_5 代入 R_7，整理得 R_6. 得非退化条件

$$(u_3-u_1)\neq 0$$

再从(6*)中解出 x_5 代入 R_6，整理得 R_5。得非退化条件

$$(1-x_3x_1-u_3u_1)\neq 0$$

再从(5)中解出 y_4 代入 R_5，整理得 R_4。得非退化条件

$$(u_2-u_3)\neq 0.$$

再从(4^*)中解出 x_4 代入 R_4，整理得 R_3。得非退化条件

$$(1-x_2x_3-u_2u_3)\neq 0$$

以下的情形有所不同。在方程(3)、(2)、(1)中，主变元 x_3、x_2、x_1 的最高次项不再是一次，是二次。所以只有把二次项解出了：从(3)中解出 x_3^2 代入 R_3，整理得 R_2。

从(2)中解出 x_2^2 代入 R_2，整理得 R_1。

从(2)中解出 x_1^2 代入 R_1，整理得 R_0。

最后的 R_0 如果是零多项式，就表明，在非退化条件

$$(u_1-u_2)(u_2-u_3)(u_3-u_1)(1-x_3x_1-u_3u_1)$$
$$(1-x_1x_2-u_1u_2)(1-x_3x_2-u_3u_2)=0$$

之下，所要检验的命题成立。

许多几何题来说，上述过程的计算，用笔在纸上来做是可怕的。不过这个题目还好，如果你有足够的细心和耐心，可以用手算完成，几个小时就够了。

过程虽繁，但毕竟是机械的计算，交给计算机干正好。

要是算到最后，R_0 是零多项式呢？吴法从理论上证明：若升列是所谓“不可约”的，R_0 是零多项式便表明命题不成立。对“可约”的升列，总可以通过因式分解化为几个“不可约”升列，从而把问题完全解决。当然，工作量就更大了。

另一个问题：是不是总能把一个方程组化成升列呢？这个问题基本上已经被一位美国数学家里特(J. F. Ritt)解决了。正是在笛卡尔的坐标方法和里特整序理论的基础上，经过出色的再创造过程，建立了吴法。在本书后面介绍的文献中，对整序的理论和方法有更详尽的说明，如吴文俊院士的专著[11]中关于里特整序原理的阐明和改进了的算法。

最后，回过头再谈谈非退化条件的意义。

从形式上看，非退化条件就是要求在整序后得到的升列中，每个多项式里新出现的约束变元最高次项的系数不等于零。

非退化条件常常是有几何意义的。例5.2中有一个非退化条件是

$$(1-x_2x_3-u_2u_3)\neq 0$$

这个条件的几何意义是："B 与 C 两点不重合"。这当然是对的，如果 B 与 C 重合，$\triangle ABC$ 就不成其为三角形了。

提出要对"非退化条件"进行研究，是吴文俊教授对几何证明理论的又一贡献，是定理机器证明研究的副产品。

长期以来，大家认为欧几里得几何中论证推理过程是严密的。即使有问题，也出在公理体系上。希尔伯特重整了欧氏公理体系之后，总不会再有什么漏洞了吧？

但吴文俊教授指出：传统的初等几何证明方法——所谓综合法，不但不严密，而且也不可能严密，问题就出在"退化"情形。

欧氏几何中的概念，通常是排除了"退化"情形的。比如说"三角形"吧，就要求三顶点不共直线。三顶点共直线，三角形成了线段，就是退化了。有些几何定理，对退化情形也成立。但也有些几何定理，图形一退化，定理便不成立了。例如"$\triangle ABC$ 中，若 $\angle B=\angle C$，则 $AB=AC$"这条定理，当 $\angle B=\angle C=0°$ 时就不成立，而当 $\angle B=\angle C=90°$ 时又成立了。可见，对退化情形要单独进行讨论。

那么，在几何命题的假设中，排除了退化情形，是不是就万事大吉，完全严密了呢？问题没这么简单。因为用综合法证几何题，往往要作辅助线、辅助圆，对辅助图形运用一些已知定理。在辅助图形中有可能遇到退化的情形。怎样作辅助线，事先是不知道的，因而无法预先说明会出现哪些退化情形而使证明失效。证明中推理环节越多，出现退化情形而破坏证明的严密性的可能性越大。

在定理机器证明的吴法中，这个问题得到了圆满的解决。在机器证明过程中，能够自然地一一列出退化情形的代数表示，指出保证命题成立的非退化条件。至于退化情形命题是否成立，则要单独讨论。这种讨论通常是容易的。

顺便提到，用消点法证明几何定理时，每个作图步骤和消点公式也有对应的非退化条件，因而产生的证明是严谨的。

吴法不但实现了初等几何定理证明的机械化，而且达到了推理的真正严密。

美国著名计算机科学家保义尔(R. S. Boyer)认为,吴法的出现是计算机自动推理研究领域的一场革命,决非过誉。

5.3 金字塔问题

上面谈到的吴法,是最早出现的有效的代数方法。吴法之前的代数方法,企图连涉及不等式的几何问题一举解决,胃口太大,结果其效率达不到实用的要求。吴法缩小了目标范围,瞄准等式型的几何问题类,取得了成功。

在吴法之后,又出现了多种代数方法。本书前面介绍的举例证明几何定理的方法,其实也是代数方法。

用统一的代数方法解决千变万化的几何问题,多数情形下,思路是迂回的,步骤是繁琐的,计算工作是沉重的。用笔和纸难以实现,用计算机难以生成容易理解和检验的可读证明。对常见的大量几何问题,用搜索法或消点法来作,更容易得到大家的接受和欢迎。

但是,代数方法的力量,在于它的一般性。有高速运算的计算机作为执行工具,代数方法就更具有攻坚的威力。它能推广,能腾飞,能走出古典几何的领域,在更大的天地里一试身手。

例如,做下面这个有趣的题目,就显出代数方法的长处了。

[例 5.3] 一个正四棱锥有五个面——四个侧面和一个底面。用一张平面来截它。当平面和它的五个面都相交时,截面是一个五边形。能不能截出一个正五边形呢?

金字塔就是一个正四棱锥,所以这问题叫金字塔问题。

设点 P 是正四棱锥的顶点,正方形 $ABCD$ 是它的底面。如图 5-3 所示,一平面顺次和诸棱 AP,DP,CP,AB,BC 交于 I,H,G,F,E。问题是:五边形 $EFGHI$ 是否可能为正五边形?什么条件下才是正五边形?

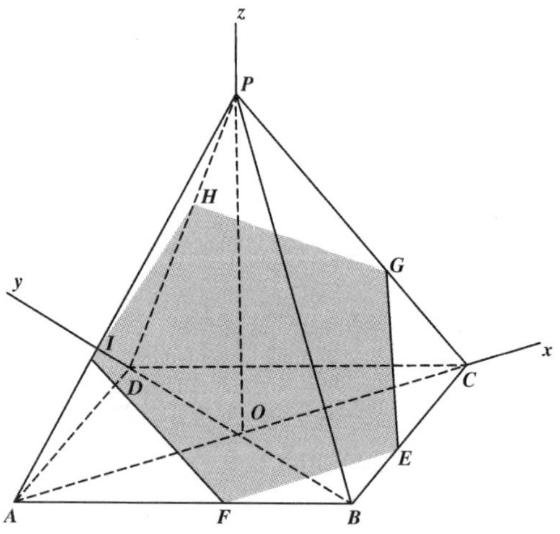

图 5-3

这问题看来要列方程求解，天然是代数法的任务。

以正方形 $ABCD$ 的中心 O 为原点，OC，OD，OP 分别为 x，y，z 轴的正方向建立空间直角坐标系。则

$O=(0,0,0)$，$A=(-1,0,0)$，$B=(0,-1,0)$，

$C=(1,0,0)$，$D=(1,0,0)$，$P=(0,0,p)$，

由对称性不妨设：

$E=(-x_1,x_2,0)$，$F=(x_1,x_2,0)$，$G=(x_3,0,x_4)$，

$H=(0,x_5,x_6)$，$I=(-x_3,0,x_4)$。

再令 GI 的中点为 J，EF 的中点为 K，则

$J=(0,0,x_4)$，$K=(0,x_2,0)$。

由题设条件得到下列方程组：

(1)$x_2-x_1+1=0$　(F,B,C 共线)

(2)$p(x_3-1)+x_4=0$　(G,P,C 共线)

(3)$p(x_5-1)+x_6=0$　(H,P,D 共线)

(4)$x_6x_2+x_4(x_5-x_2)=0$　(J,H,K 共线)

(5)$x_3^2+x_5^2+(x_6-x_4)^2+4x_1^2=0$　(线段 $HI=EF$)

(6)$x_2^2+x_4^2+(x_3-x_1)^2-4x_1^2=0$ （线段 $EI=EF$）

(7)$x_3^2-x_1x_3-x_1^2=0$ （由正五边形边 EF 和对角线 GI 的关系）

我们的目标是找寻上述 7 个方程联立的方程组的解。

应用里特—吴的整序算法，得到升列：

(1*)$x_1^2-3x_1+1=0$

(2*)$x_2-x_1+1=0$

(3*)$x_3+x_1-1=0$

(4*)$x_4^2-3x_1+1=0$

(5*)$x_5-x_1=0$

(6*)$x_6+x_4(x_1-2)=0$

(7*)$p+x_4(x_1-3)=0$

由(1*)开始顺次求出 $x_1\sim x_6$ 的四组解，并得 $p=1$ 或 -1。这两个值分别表示点 P 在 ABC 平面上方或下方。不失一般性，设它在上方，即取 $p=1$，最后得到两组解：

$$(x_1,x_2,x_3,x_4,x_5,x_6,p)=(t,t-1,1-t,t,t,1-t,1)$$

其中 t 是二次方程 $t^2+3t+1=0$ 的根，即：

$$t=t_1=\frac{3-\sqrt{5}}{2}\text{或 } t=t_2=\frac{3+\sqrt{5}}{2}$$

取 $t=t_1$ 时，得到所求的一个正五边形的截面。

取 $t=t_2$ 时有 $x_1>1$，表明对应的点 F 在正方形 $ABCD$ 之外了。事实上，这个解更为有趣：对应的五个点在诸棱的延长线上，构成一个正五角星！

提示

如果你想自己动手把结果算出来，也是可能的。例如，按下面的步骤进行，设 s 是黄金分割方程 $s^2-s-1=0$ 的正根，

$$s=\frac{1+\sqrt{5}}{2}$$

由正五边形的性质得：

(8)$x_3=sx_1$ （正五边形对角线 GI 是边 EF 的 s 倍）

(9)$x_2=-sx_{51}$ （正五边形对角线 GI 分割高 HK 成比例 $1:s$）

(10)$x_1^2+x_6^2+(x_5-x_2)^2=4s^2x_1^2$ （正五边形对角线 HE 是边 EF 的 s 倍）

取 $u=x_1, v=x_4$ 为基本参数，由(1)～(3)推出：

(11)$x_2=u-1$ （由(1)）

(12)$x_3=1-\dfrac{v}{p}$ （由(2)）

(13)$x_6=p(1-x_5)$ （由(3)）

将(9)用于(4)消去 x_5，并由 $x_4=v$ 得：

$$x_6x_2+v(\frac{-x_2}{s}-x_2)=0$$

设 $x_2\neq 0$ 可约去，注意 $s=1+\dfrac{1}{s}$，就得：

(14)$x_6=sv$

由(9)、(11)得

(15)$x_5=\dfrac{1-u}{s}$

联合(14)、(13)和(15)得：

(16)$sv=p\left(1-\dfrac{1-u}{s}\right)$

联合(12)、(8)，并用 $x_1=u$ 得到

(17)$1-\dfrac{v}{p}=su$

由(17)得 $\dfrac{v}{p}=1-su$，用于(16)，并注意 $s^2=s+1$，整理得：

(18)$u=2-s$

于是得到

(19)$x_1=2-s, x_2=1-s$(由(11))，

$x_5=2-s$(由(15))

(20) $x_6=p(s-1)$(由(19)(13))

将(19)(20)代入(10)求得 $p^2=1$。取 $p=1$,由(17)得 $v=2-s$,于是:

(21) $x_3=s-1$(由(12)),$x_4=2-s$,$x_6=s-1$,

联合(19)(21)得

$$(x_1,x_2,x_3,x_4,x_5,x_6,p)=(2-s,1-s,s-1,2-s,2-s,s-1,1)$$

这和前面用整序方法机械求解结果是一样的。如取 s 为黄金分割方程的另一根,即令

$$s=\frac{1-\sqrt{5}}{2}$$

时,得到截于诸棱延长线上的一组构成正五角星的顶点。

六

后记——几何定理机器证明进展回顾

用机械的方法解决千变万化的几何问题，曾是历史上一些卓越的科学家的梦想。现在它已经成为现实。在这一研究领域，中国科学家的工作起了重要作用。20 世纪 70 年代，吴法的出现是几何定理机器证明领域的重要突破。80 年代，吴法的成功实现促进了这个领域在国际范围的蓬勃发展，多种机器证明的代数方法提出并得到成功实现。这时两个难题摆上研究日程。一个是几何不等式的机器证明问题，另一个是几何定理可读证明的自动生成问题。90 年代，这两个问题也相继得到突破。几何作图问题的机器求解研究也有进展。

6.1 艰难的历程

几何题不好做。难就难在它似乎无一定规律，全靠巧思。即使用中学里的方法能做的题目，数学专家也不见得能很快做出来。

为此，人们自然会想到用计算机来帮忙。

1998 年，市场上真的出现了能证明几何定理的软件。《几何专家》[4]能用多种方法证明平面几何里很难的定理。《立体几何》[6]、《平面几何》[3]能解决许多和中学课程范围内的题目难度相当的问题，并且能给出传统风格的、易于理解的解答。

这标志着计算机处理几何问题的能力进了一大步，上了一个新台阶。

这一步来之不易。这是许多科学家多年努力的成果。当代中国科学家的劳动，在其中起了决定性的作用。

用机械的方法解决千变万化的几何问题，曾是历史上一些卓越的科学家的美好梦想。今天，这个梦想已经成为现实。

历史上一些大师级的数学家，曾在这条路上艰辛地探索过。

为了用统一的方法处理千变万化的几何问题，笛卡尔(Descartes)发明了坐标方法，创立了解析几何。这是科学史上的一件大事。在解析几何的基础上，发展出了用计算机解决几何问题的多种有力的方法。

莱布尼兹(Leibniz)，微积分的发明人之一，曾有过推理机器的设想。他还提出了现代计算机上所用的二进位记数法。他的这些工作促进了数理逻辑的早期研究。

跨19世纪、20世纪的大数学家希尔伯特(Hilbert)，在他的名著《几何基础》[5]中，曾给出了一类几何问题的机械化解题方法。本书介绍的用面积消点的方法，对这类问题做了更简明、更易于理解的机械化处理。

电子计算机的出现，大大加快了数学机械化研究的进程，也促进了几何问题求解机械化的研究。

一个基本的理论问题是，千变万化的几何问题，是否能够纳入机械化处理的统一轨道?

1948年，塔斯基(Tarski)发表了一条引人注目的定理："一切初等几何和初等代数命题构成的命题类，是可判定的"[9]。

什么叫初等几何和初等代数命题? 什么叫可判定? 这需要解释。

命题是一个具有前提和结论的判断句。如果命题的前提和结论都可以用有限个整系数多项式的等式或不等式来表达，它就叫做初等几何或初等代数命题。

如果有一套机械的方法，对于某个命题类中的任一个命题，都能用这套方法经有限步的操作而确定命题的真假，就说这个命题类是可判定的。

塔斯基定理的证明是构造性的。也就是说，他确实提出了一套能判定任一个初等几何或初等代数命题的机械化方法。可是这方法的计算复杂度太大了。即使用快速的计算机，也不能在合理的时间内（比如说几小时或几天）证明稍微难点的几何定理（如许多中学生就知道的几何事实，像西姆松定理）。

塔斯基的办法是：先利用笛卡尔坐标把几何问题化为代数问题，再用代数方法来解决问题。沿这条路线，发展了几何问题机器证明的代数方法。

1975 年，考林斯（Collins）提出“柱面代数分解方法”，比塔斯基的方法效率提高了很多，但在计算机上仍只能解决个别的稍微难点的几何问题[20]。

笛卡尔—塔斯基—考林斯，这是用代数方法寻求几何问题机械求解的一条线。

另一条路线，是企图把解决几何问题的传统综合方法机械化。这条路线是格兰特（Gelernter）在 1959 年发表的一篇论文中提出来的[21]。格兰特实际上只用了丰富多彩的传统综合方法的技巧中的一种：从结论出发进行倒退推理的方法，通常叫做后推搜索法。1975 年，奈文斯又提出了更有效的前推搜索法[23]。这类方法常被叫做逻辑方法或叫做人工智能方法。其优点是能产生出传统风格的证明。但由于搜索空间过大等问题，未能形成有效的算法。

在几何问题求解机械化研究举步维艰的 20 多年间，数学机械化的研究和应用在总体上有了长足的进展。计算机本来是只会计算数值的。到了 20 世纪 60 年代中，用它也能作符号计算了。有理式的四则运算，多项式的因式分解，求最小公倍式和最大公因式，甚至还能计算符号微积分。强有力的数学软件开始在学校和科学技术工作人员中广泛应用。

数学机械化发展的有利的大环境，促进几何解题机械化出现突破。

6.2 重要的突破

这突破来自中国。

1977年,我国著名的数学家吴文俊院士在《中国科学》杂志上发表了题为"初等几何判定问题与机械化证明"[25]的论文,提出了一个证明等式型初等几何定理的新的代数方法。这个方法虽然不能证明几何不等式,但在证明等式型几何定理时效率比以前的方法高得多。1984年,中国留美学者周咸青在他的博士论文中把这个方法叫做吴法,并列举了他基于吴法所编写的程序证明的130个非平凡的几何定理。不久他又在一本专著中列出了用吴法证明的512个几何定理[2]。吴法从此在国际自动推理研究领域广为传播。

计算机的本领大了。用了吴法,它能在近几秒的时间内证明很难的几何定理。

一石激起千层浪。吴法的成功,使几何定理机器证明的代数方法的研究空前的活跃起来。10多年间就出现了好几种成功的代数方法。包括本书所介绍的例证法。

本书介绍了用吴法证明几何定理的例子。从例子中我们可以体会到吴法朴素而深刻的基本想法。但是,从有一个好的想法到建立一套严整完美的理论和强有力的行之有效的方法,还有一段不可忽视的距离,还需要深入的思考和艰巨的劳动。

吴文俊院士从1976年开始从事定理机器证明的研究工作。他在很短的时间内就取得突破,推动了定理机器证明的研究,使其进入了新的阶段,这绝非偶然。在他的早期数学生涯中,对几何学就有浓厚兴趣和很深的造诣。他在拓扑学领域关于复合形在欧氏空间的实现的研究成果,受到了国际学术界称道,并荣获1956年颁发的首届全国自然科学一等奖。此外,吴文俊院士对中国古代数学也有独到的研究,这在他1970年以后一些著作和论文中可以看到[10]。

在几何定理机器证明中,采用代数方法,引进坐标,将几何定理的叙述用代数方程的形式重新表达,证明问题就转化成判定假设的代数方程是否能推出结论的代数方程的问题。这样把几何问题代数化,自笛卡尔以来已是老生常谈。并无实质困难。然而代数化过程,坐标点的选取和方程引进的次序都可能影响到以后证明的难度,甚至由于技术条件的限制,影响到证明是否可能完成。也就是说,几何问题化成纯代数问题之后,也并不见得一定容易,更不能说就能实现机械化了。这不仅是因为解决这些代数问题的计算量往往过大，令人望而却步。还因代表几何关系而出现的那些代数等式或不等式常常杂乱无章，使人无所措手足。从这些杂乱无章的代数关系式中要找出一条途径，以达到所要证的结论，往往要用高度的技巧。换句话说，即使你不怕计算，会用计算机来算，也不知道从何算起。

在定理机器证明研究的初期，吴文俊院士发现希尔伯特的《几何基础》中包含了实质上是关于机械化定理。用此定理，不但可以将相当一类的几何命题代数化，还能保证以后的证明有章可循。这是因为这一类几何命题化成代数问题后，都可以用约束变元的线性代数式(即一次代数式)表示，容易化成三角形方程并把约束变元解出来。对更一般的几何问题，则常涉及约束变元的非线性(高次)方程，很难求解。如何把这些杂乱无章的代数关系整理得井然有序——整序，使约束变元的消去有章可循，使计算机得以发挥其威力，便成为整个问题的关键。

抓住了整序这个关键问题之后，吴文俊院士又发现，美国数学家里特(J. F. Ritt)早在20世纪50年代所发展的构造性的代数几何体系中，已经有了可用于整序的方法[7]，恰好可以满足他所构想的定理机器证明的需要。他对里特的理论和方法进行了改造和发展，将中国古代的优秀数学思想和西方现代数学的出色成果融于自己的创造性工作中，发展了一套机械化的非线性代数方程组的理论和方法，从而也为几何定理的机器证明打下了坚实的基础。

1984年，吴文俊院士的学术专著《几何定理机器证明的基本原理(初等几何部分)》[11]由科学出版社出版。这本专著遵循机械化思想引进数系和公理，依照机械化观点系统地分析了各类几何体系，诸如Pascal几何、垂直几何、度量几何以及欧氏几何(即常用几何)，明确建立了各类几何的机械化定理，系统地阐明了几何定理机械化证明代数方法的基本原理。这本书的问世，是世界上数学机械化研究领域的大事，奠定了数学机械化研究在我国的基础。到1994年，它又被译成英文，由著名的Springer出版社出版。

在计算机自动推理的研究中，几何定理的机器证明曾经是最不成功的领域。现在，它已经成了最成功的领域。这一历史的转折，缘于吴法的出现。

应当指出，除了证明初等几何定理之外，吴法还能证明局部微分几何定理，并有其他众多的应用。这是因为，吴法提供了一套处理非线性代数方程组的基本理论和算法。而非线性代数方程组的有关问题是许多科学技术领域都会出现的。关于吴文俊院士的这些出色的研究，建议有兴趣的读者参看[8]。

非线性代数方程组的研究的重要问题是找寻效率更高的方法。这方面近年也有良好的进展。原来用吴法要几十小时才能证明的几何定理，现在用某些新的方法仅需几秒钟。有关的一些研究可参看[12]。

6.3 与人工证明媲美

在科学研究过程中，人总是想得寸进尺。

吴法的成功吸引人们向更高的目标攀登。长期进展缓慢而又无法回避的两个重要问题提到日程上来了。

一个问题是，怎样用计算机产生人能看得懂、并能检验的证明。另一个问题是，怎样用计算机证明几何不等式。

包括吴法在内的各种代数方法，在证明几何定理的过程中，要用到多次多项式的加减乘除。这些多项式常常是几十项、几百项以至上千项的大多项式。打印出这样的“证明”过程，人很难在合理的时间内看个明白。即使看明白了计算的过程，也弄不懂其中的几何意义，难以理解命题成立的道理。

我们通常在几何教科书上看到的几何定理的证明，就容易理解，便于掌握。

这种便于人们理解、掌握和检验的证明，叫做可读证明。

格兰特—奈文斯所进行的用逻辑方法实现几何问题解题机械化的研究[21,23]，目标是用计算机自动生成几何定理的可读证明。到 1992 年，沿这条路线的研究，虽然发表过几十个用计算机证明几何定理的例子，但未形成有效的方法。

1992 年 5 月，作者应周咸青博士邀请到美国维奇塔大学合作研究。这几个月的工作经历给我留下难忘的记忆。

到达美国的第一天的晚上，我们就研究计划进行了讨论。我提出了以面积法为工具，用计算机生成几何定理“短证明”的设想。我对面积方法的研究始于1974年在新疆一所中学任教之时，曾将部分心得整理出版[13]。近20年的经验使我相信，面积方法是一种普遍有效的平面几何解题方法。

那时还没有形成“可读证明”的概念。我说的“短证明”，就是后来说的可读证明。

周说，即使对希尔伯特交点型命题类实现了这个设想，也是很好的结果。但他又说，你的面积方法不是算法，没法用计算机做。

自1986年以来，我断断续续地在想如何把面积方法变成算法，用在机器证明上。那天晚上的讨论促使自己思维聚焦，对这个问题进行了最后的冲刺。

经过一个不眠之夜，第二天早晨，我对周说:“有算法了。”

他说，你给我做两个例子我才信。一个是平行四边形对角线互相平分，另一个是帕普斯定理。

我用消点法在纸上机械地做了这两个题。就像本书所讲的那样。

他说，我基本相信了。

然后他教我用LISP语言写程序，我们开始工作了。这一工作开辟了几何问题机器求解的另一条路线。

两星期后，周回中国开会探亲。6月底他返美时，没到学校就和我通电话。我说，新编的程序已经证明70多条定理了。

当年7月，高小山也来到美国维奇塔大学并参加了这项研究。三人的合作研究愉快而顺利。理论和算法得到了成功实现和进一步的发展与完善。这就是基于几何不变量的消点法。由于所用的主要几何不变量是面积，故常被称作面积法。用这种方法，能对大量的非平凡的几何命题由计算机生成简洁的有几何意义的证明，所谓可读证明[30,1,15,14,32]。

这项工作被自动推理领域的国际同行誉为“计算机发展几何问题解题能力的道路上的里程碑”，“自动推理领域30年来最重要的工作”。在1996年美国芝加哥一次关于自动推理的学术会议上，主题报告中 6 次提到这项成果，并把它放在近年来自动推理领域 5 项最重要进展的首位。

有趣的是，消点法从原理到算法一点也不依赖古典几何之外的知识。这种似乎和现代计算机技术密切联系的工作，逻辑上完全可以在欧几里得时代出现。欧几里得、笛卡尔、莱布尼兹、希尔伯特这些关心过几何推理的科学大师都有可能顺手发现消点方法。但它就像一颗埋在泥土中的珍珠，一直被忽视了 2000 多年。我们是幸运的。

这一突破使几何问题机械求解的研究进入了能够在实际中应用的新阶段。从 1992—1995 年，我们进一步推广了几何问题可读解答机械化的方法和适用范围。实现了立体几何问题求解的体积方法[16]，几何定理可读证明自动生成的向量法、复数法[17]和全角法[18]，建立了能自动生成传统风格解答的几何信息搜索系统[29]。这样，几何解题软件推向市场的条件已经成熟了。

计算机开始学会了像人那样解决几何问题。

前面提到，人们曾用计算机证明了数以百计的困难的几何定理。这些定理是从多种书刊上搜集来的，是数学家早已证明了的。那么，能不能用计算机发现新的几何定理呢？

起初，有些研究报告称，用计算机发现了新的几何定理。但不久就查出来，这些定理在文献中早有记载。欧氏几何历史太悠久了，文献浩如烟海，想找出一条漂亮的新定理，确实是困难的。

相比之下，非欧几何历史短得多，定理的证明也难得多。用计算机发现非欧几何的新定理，该是大有可为的吧！

1993 年，我们（杨路、高小山、周咸青和作者）把消点法推广到了非欧几何，用计算机发现了几十条非欧几何的新定理，并且自动生成了它们的可读证明[26]。

1996 年后，李洪波博士、王东明博士发展了不变量方法，把消点法推广到了广义的向量空间，即 Clifford 代数[22,24]。

1997 年，吉林大学的张树国教授和杨海圈博士又把消点法推广，对一批关于圆锥曲线定理,用计算机自动生成了其可读证明[31]。

几何问题,通常包括证明、计算、公式推导和作图。用消点法和几何信息搜索系统做证明题、计算题和公式推导是方便的。几何作图又如何呢?

事实上,作图、证明、计算和公式推导是相通的。对一个作图题,假定图已经作好了,再对图中的几何信息进行搜索推导,往往能发现作图的方法。这样,又开辟了几何作图机械化的一条道路[19]。

计算机自动生成几何问题可读解答的困难,被成功地突破了。

6.4 不等式的机器证明

1985 年,吴文俊院士在上海的一个全国性学术会议上作了关于几何定理机器证明的报告。当谈到几何不等式的机器证明时,他只说了一句话:“一大难题”。

1996 年以来,关于这“一大难题”的研究,也有了重要的进展。

不等式证明机械化的困难之一,在于实代数的一个最基本的问题长期没有解决。这就是多项式的判别系统问题。

根据实系数一元二次方程的判别式是正是负还是零,可以断定它有没有实根,两个实根是否相同。这是代数学的经典结果,也是中学生数学课的重要内容。

对高于二次的多项式,情形更为复杂,要用一组不等式或等式才能说清楚根的状态。这样的一组等式或不等式,如果有的话,就叫做该多项式的判别系统。

为什么说不等式的机器证明与判别系统密切相关呢?

因为,即使最简单的不等式问题,也可能涉及判别系统。例如,要问不等式

$$x^5+ax^3+bx^2+cx+7>0$$

在 a,b,c 满足什么条件时对一切实数 x 成立,就等价于问这个五次多项式何时无实根。这是判别系统所要回答的问题之一。

16 世纪,数学家发现了三次和四次方程的求根公式。在此基础上,建立了实系数三次和四次方程的判别系统。顺便提一句,实系数四次方程的完全判别系统,

是 20 世纪 60 年代才建立起来的。

五次或更高次的文字系数多项式，就没有求根公式了。有没有判别系统？如何找寻它的判别系统？这是实代数领域长期未能解决的一个基本问题。

这个问题不解决，大量的几何不等式问题，代数不等式问题以及许多科技领域与不等式有关的问题就无法从一般的推理角度来解决。

熟知的斯笃姆法则，处理的是数值系数代数方程的实根问题。而在一般的推理过程中，往往要问系数满足什么条件时有实根。这就需要对文字系数的代数方程建立判别式系统。

方程的次数越高，判别式系统就越复杂。特别是，五次和更高次的方程没有求根公式，这使问题更难下手。直到 1995 年，四次方程的判别式系统已经建立 30 多年了，关于实系数五次代数方程根的完全分类的显式判准问题，即判别式系统问题，还未解决。

计算机自动推理促进了这一古典课题的研究。1996 年，杨路、侯晓荣和曾振柄提出了对任意次的实系数代数方程建立完全判别系统的通用算法，使这个实代数的基本问题得到了完满的回答[27]。用他们提供的 MAPLE 程序，在微机上很容易求出直到 8 次的代数方程的判别系统。如果允许用不展开的行列式表示判别系统中的多项式，还可以求出次数高得多的代数方程的判别系统。在此基础之上，梁松新用作者提出的想法，在他的博士论文中又解决了任意次数的复系数多项式判别系统问题[22]。

实系数代数方程的根分类的类数，随次数的增加而迅速膨胀。二次方程只有 3 种情形，三次方程只有 4 种。四次 9 种，五次 12 种，六次 23 种，七次 31 种，八次 54 种，九次 73 种，十次竟有 118 种之多。复系数的情形更复杂，从三次到十次的根分类数顺次为：12，27，50，98，172，310，522，888！

如此复杂的情形，即使求出了判别系统中的每个（以系数为变元）多项式，要把这些多项式所满足的不等式条件和根分类的各种情形一一对应起来，所要进行的逻辑分析也是繁琐可怕的。在文献[22]中用计算机自动推理的方法解决了这个问题。现在只要在计算机上装有数学软件 MAPLE 和该文献所说的程序(本书所附的光盘上有此程序),任意输入一个多项式,计算机会自动给出该多项式的完全的根分类表,包括每类所对应的系数之间的条件,绝不需要人工干预。

这是几何问题机器求解研究带来的有价值的副产品。

代数方程的判别系统的研究进展为不等式的研究提供了基础。但是,几何不等式机器证明的研究仍要克服它本身固有的困难。

1998 年,杨路发表的一篇论文中提出了不等式机器证明的降维算法与通用程序[28],使这一难题得到突破。

不等式机器证明的困难除了依赖于实代数的自动推理外,还因为其复杂度随维数增加而急速升高。当命题的假设中含有若干代数方程时,一个自然的想法是消去一些变元以降低维数。这样做所遭遇的新的困难是,必须有效处理带参数的根式。例如,几何不等式常常涉及几个线段长度之和,用坐标处理化成代数表示,是几个根式的和。如何化去根号呢?国内外常用的办法是引进新的变元和方程,这使问题的维数升高而复杂化,常常超出计算机的能力。

杨路的降维算法正是一个既能将维数保持在最低限度,又能有效地将含参根式有理化的方法[28]。如果你想领略一下他的高招儿,可仔细看看这段说明。

注释

所用基本概念如下:

[定义 1] 给定一个以 x,y,z 等为变量的代数不等式 F,我们说 $L(T)$ 是 F 的一个左多项式,如果 $L(T)$ 是 T 的多项式,而它所有系数都是 x,y,z 等的多项式,且 F 的左边是 $L(T)$ 的一个根。类似地可以定义 F 的右多项式 $R(T)$。

[定义 2] 以 $P(z,y,z,\cdots)$ 表示 $L(T)$ 与 $R(T)$ 关于 T 的结式,并将 $P(x,y,z,\cdots)=0$ 定义的曲面叫做 F 的临界曲面。

下面是算法的梗概:

(1)确定所要验证的不等式的临界曲面。

(2)临界曲面将参数空间剖分为有限个部分，在每一部分任意选定至少一个测试点。

(3)只需对这有限个测试点验证该不等式。如果对这些特殊的参数值命题为真，则命题普遍真。

根据以上算法。杨路用MAPLE语言编制成的通用程序BOTTEMA已在PC机上成功地验证了1 000多个不等式，其中近半数是近期提出未加证实的猜想。对名著《几何不等式》中120个基本不等式的验证总共费时仅20多秒。运用该软件已能成批验证非平凡的不等式。就两个自由度的情形，其效率与等式型几何定理证明软件相比已在伯仲之间。

6.5 研究展望和应用前景

这20年，计算机解几何问题的本领有了飞跃的提高。像用机器生成人能理解的证明或题解，20年前是不可想象的。

但是，机器生成可读证明的实现并不使代数方法失去价值。一些几何问题仍需用代数方法。非线性代数方程组的理论有广泛应用，是自动推理的一大热点。道高一尺，魔高一丈，更难的问题要求发展更有力的新方法。发展非线性代数方程组的并行插值求解方法，综合不同方法的长处以建立有效的人机交互求解系统，都是极有希望的研究方向。

另一方面，由于实系数多项式完全判别式系统的发现，以及进一步几何不等式机器证明的难题得到突破。几何不等式和几何作图的机器求解，以及微分几何、微分方程的机器求解，会随着实代数研究的进展而出现新的局面。

关于不变量方法的研究，消点法仍有改进和发展的余地。一方面可以使用更多的几何不变量，把消点法的应用范围扩大，使它能用于更多的命题和更多种的几何。多种不变量的综合运用，如角度和长度的综合，是这一研究的难点。另一方面，由于基本的几何对象除点外还有直线和平面等，所以由消点可以发展到消线、消面、消圆。方法的多样化可以提高证明的质量，并使证明丰富多彩。消点法不但能证明几何定理，也可用来做几何计算和公式推导，多数情形下用笔和纸也可以有效地进行。人用消点法解题，还可以灵活一点，如何发展适于人工执行的或人机交互的消点方法，值得研究。

传统求解自动生成的研究，会进入实用阶段。前推搜索方法能使几何定理的证明更为传统化，还能搜索出所给几何图形的许多性质，这是几何定理机器求解的其他方法难以做到的。前后推搜索联合使用，有可能提高效率。在此基础上研究几何问题机器求解的其他方法，这一方向具有诱人的前景。高智能的传统几何解题方法的机械化。如辅助线、几何变换、合同法和反证法的计算机实现，显然只有在有效的搜索法基础之上才能得以发展。而搜索法本身，则有可能发展为更一般的几何推理数据库，成为几何研究和教学的有用的工具。

几何作图机械化的研究，不但有传统的兴趣，更有广泛的应用。它目前在国际上是一个很活跃的研究领域。文献[19]中在消点法和 GISS 基础上，发展了一类几何作图问题的求解算法并实现为有效的程序。这个程序对一大类尺规可解的几何作图问题能自动地生成作图步骤和可读证明。这一方向的研究，可说是方兴未艾，有大量的工作可做。

在过去的 20 年，几何定理机器求解的各种方法都有长足的发展。如何把不同的方法综合起来，组织成有效的几何问题计算机自动求解或人机交互求解系统，将成为更有意义的研究方向。

这 20 年来的进展，使得几何定理机器求解的研究从基础研究领域扩展到了应用研究和开发研究的领域。

这里有间接的应用，也有直接的应用。

先看间接的。

在研究几何定理机器求解时，创造或发展了一些新的方法或代数工具，它们可用来解决其他领域的问题，这是间接的应用。如机构设计、曲面造型、计算机辅助设计、机器人控制、计算机视觉以及其他有关的数学问题。这方面虽已有许多工作,但都是本领域的研究人员自己的设想,与技术领域的用户需求有一定距离。如果要推进这类应用的研究,有必要做更具体的需求分析,并开发界面友好、易学易用的软件。

再说直接的应用。

把几何定理机器求解的程序发展为软件,或者嵌入计算机应用软件,这就是直接的应用。这类应用的实际需求,主要有两个方面:

一是为研究者、教师和数学爱好者提供智能性几何解题电子词典,对 2000 多年的初等几何作一个相对完美的总结。这一工作工程浩大,但如做得好,将是对科学文化事业的重要贡献。

二是应用几何定理机器求解研究的成果,可以研制出高智能的教育软件。这方面有形成软件产业的现实可能性。由中国科学院成都地奥公司投资,委托成都计算机应用研究所、广州师范学院计算机软件研究所,开发了中学数学教育智能软件《数学实验室》。这是我国第一批通过了教育部教材审定委员会审查的中学数学教学软件,受到教育家和老师们的欢迎。教育的应用对机器求解提出了更高要求:必须用学生能接受的方式给出解答;要有十分友好的界面;能在学生解题时提示和纠正错误,等等。

社会的需求还会把机器求解的研究推向更广的领域,不仅研究几何问题的机器求解,而且要探讨一般理科问题的机器求解方法。

相信在未来 5～10 年中,我国在几何问题(以至理科问题)机器求解领域,不仅会出现一批高水平的基础研究成果,体现我国在这一领域的学术水平的优秀软件也将脱颖而出。

参考文献

[1] Chou S C. Gao X S, Zhang J Z. *Machine Proofs in Geometry*[M]. World Scientific, Scientific Singapore, 1994.

[2] Chou S C. *Mechanical Geometry Theorem Proving*[M]. Reidel, Dordrecht-Boston, 1988.

[3] 丁孙荭. 平面几何(PC 机软件)[M]. 北京:中国少年儿童出版社出版,1998.

[4] 高小山,张景中,周咸青. 几何专家(PC 机软件)[M]. 北京:中国少年儿童出版社,1998.

[5] Hilbert D. 几何基础[M]. 江泽涵等译. 北京:科学出版社,1958.

[6] 李传中. 立体几何(PC 机软件)[M]. 北京:中国少年儿童出版社出版,1998.

[7] Ritt J F. *Differential algebra*[M]. Amer. Math. Soc. ,New York,1950.

[8] 石赫. 数学机械化引论[M]. 济南:山东教育出版社,1998.

[9] Tarski A. *Adecision method for elementary algebra and geometry*[M]. The RAND Corporation, Santa Monica, 1948.

[10] 吴文俊. 吴文俊论数学机械化[M]. 济南;山东教育出版社,1996.

[11] 吴文俊. 几何定理机器证明的基本原理(初等几何部分)[M]. 北京:科学出版社,1984.

[12] 杨路,张景中,侯晓荣. 非线性代数方程组与机器证明[M]. 上海:上海科技教育出版社,1996.

[13] 张景中. 面积关系帮你解题. 上海:上海教育出版社,1982.

[14] 张景中. 平面几何新路[M]. 成都:四川教育出版社,1992.

[15] 张景中. 平面几何新路——解题研究[M]. 成都;四川教育出版社,1994.

[16] Chou S C, Gao X S, Zhang J Z. Automated Production of Traditional Proofs in Solid Geometry . *TR*-92-3(美国维奇它大学计算机科学系研究报告),1992:Also in: *Journal of Automated Reasoning*, 1995, 14:257～291.

[17] Chou S C, Gao X S, Zhang J Z. Mechanical theorem proving by vector calculation. In: *Proc ISSAC*-93, Keiv, 1993,284～291.

[18] Chou S C, Gao X S, Zhang J Z. A Collection of 110 Geometry Theorems and Their Machine Prodeuced Proofs using Full-angles. *TR*-94-10(美国维

奇它大学计算机科学系研究报告),1994.

[19] Chou S C, Gao X S, Zhang J Z. A Method of Soving Geometric Constraints. *M-M Research Preprint*, 14:18-36(1996).

[20] Collins G E. Quantifier elimination for real closed fields by cylindrical algebraic decomposition. In:*LNCS*33, 1975, 134～165.

[21] Gelernter H. Realization of a geometry-theorem proving maxhine. In: *Proc. Int. Conf. Info. Process*, 1959, 273～282. Paris, June 15～20, Also In: *Computers and Thought*. Mcgraw Hill, 134～152.

[22] Li H. Clifford algebra and area method. *MMRC preprints*, ISS, Academia Sinica, 1996, 14:37～69.
张景中,梁松新. 复系数多项式完全差别系统及其自动生成[D]. 中国科学(E),1999,29(1):61～75.

[23] Nevins A J. Plane geometry teorem proving using forward chaining. *Artificial Intelligence*, 1975, 6(1): 1～23.

[24] Wang D. Clifford algebraic calculus for geometric reasoning with application to computer vision. In: *Automated deduction in geometry* (D. Wang, ed.), *LNAI* 1360, 1997, 115～140.

[25] 吴文俊. 初等几何判定问题与机械化证明[D]. 中国科学(A),1977, 7:507～516.

[26] Yang L, Gao X S, Chou S C, Zhang Z J. Automated proving and discovering of theorems in non-Euclidean geometries, in: *Automated Deduction in Geometry* (D. Wang, ed.), LNAI 1360, Springer-Verlag, Berlin Heidelberg, 1998. 171～188.

[27] 杨路,侯晓荣,曾振柄. 多项式的完全判别系统[D]. 中国科学(E),1996(5):424～441.

[28] 杨路. 不等式机器证明的降维算法与通用程序[D]. 高技术通讯,1998,8(7):

20～25.

[29] 张景中,高小山,周咸青. 基于前推法的几何信息搜索系统. 计算机学报, 1996,19(10):721～727.

[30] Zhang J Z, Chou S C, Gao X S. Automated production of traditional proofs for theorems in Euclidean geometry. In: The Hilbert intersection point theorems *WSUCS*-92-(美国维奇它大学研究报告), 1992, Also in: *Ann. of Math.* & *A. I.*, 1995(13):109～137.

[31] Zhang S G, Yang H Q. Clifford Algebra and Mechanical Geometry Theorems Proving. in: *Proc. of ADG'*98, Beijing, 1998.

[32] 张景中,杨路,高小山,周咸青. 几何定理可读证明的自动生成[D]. 计算机学报,1995, 18(5):380～393.